建筑给水排水常见计算与设计问题解析

魏　涛　主编

图书在版编目(CIP)数据

建筑给水排水常见计算与设计问题解析 / 魏涛主编. -- 天津 : 天津大学出版社, 2022.1
ISBN 978-7-5618-7075-4

Ⅰ. ①建… Ⅱ. ①魏… Ⅲ. ①建筑工程－给水工程－工程设计②建筑工程－排水工程－工程设计 Ⅳ. ①TU82

中国版本图书馆CIP数据核字(2021)第216362号

出版发行　天津大学出版社
地　　址　天津市卫津路92号天津大学内（邮编：300072）
电　　话　发行部：022-27403647
网　　址　www.tjupress.com.cn
印　　刷　廊坊市海涛印刷有限公司
经　　销　全国各地新华书店
开　　本　148 mm×210 mm
印　　张　6.5
字　　数　175千
版　　次　2022年1月第1版
印　　次　2022年1月第1次
定　　价　36.00元

主编单位：河北建伟工程设计咨询有限公司

参编单位：中土大地国际建筑设计有限公司

主　　编：魏　涛

主　　审：赵　荣　郭延勇　陈志会

编　　委：奚　晶　周来鹏　赵艳霞
王玉龙　杨　昂　杨　燕
罗毅辉　付先龙　王　伟
魏永强　卢义强　刘四娥
王　康　杜宏图　冯京京

前　言

本书是作者在从事建筑给水排水设计与审查工作的过程中，在对遇到的各种专业问题进行归纳总结的基础上，尝试做出相应解析的成果。本书分为“计算问题篇”和“设计问题篇”两部分。

在“计算问题篇”中，作者注重对计算所依据的规范条文进行列举和引用，力求做到过程清晰，完整准确，有理有据；期望通过具体计算过程帮助读者掌握公式中每个参数的含义和具体数值，以期顺利完成计算并得到正确结果。

在“设计问题篇”中，作者采取夹叙夹议的形式，围绕遇到的问题，引用标准、图集资料，将不同资料中对同一问题所做的规定加以归纳和总结，并提出作者的看法。

对一些依然存在争议的问题，希望能与读者深入交流探讨。

本书可供从事建筑给水排水设计咨询的人员使用，也可供从事建筑给水排水工程建设的人员参考。

在本书编写过程中，得到了中土国际科技集团有限公司的齐建伟、郝贵强等集团领导的大力支持，承蒙他们的支持与厚爱，本书才得以顺利出版。同时，中土大地国际建筑设计有限公司的赵荣、郭延勇、陈志会等专家对本书的内容进行了认真审校，并提出了许多宝贵意见，对他们的辛勤付出表示感谢。书中的附图由关森、杨玉娟二位同志进行绘制与整理，在此一并致谢。

由于作者水平有限，书中错误和不当之处在所难免，欢迎读者不吝指正。

目　　录

第一部分

计算问题篇

1　给水系统最高日用水量、平均时用水量和最大时用水量的计算方法

《建筑给水排水设计标准》(以下简称《建水规》)GB 50015—2019第3.7.11条规定,建筑物内生活用水最大小时用水量,应按本标准表3.2.1和表3.2.2规定的设计参数经计算确定。

通过《建水规》GB 50015—2019表3.2.1和表3.2.2,可以查得住宅、公建的最高日用水定额q_d、建筑物的用水时间T和最高日小时变化系数K_h,通过以下步骤即可得到建筑物最高日最大时用水量。

1)计算最高日用水量

最高日用水量是某一天的用水量,表示给水系统的用水量“在这一天”达到最大,所以叫最高日用水量,它是给水系统在使用过程中可能达到的最高日用水量。计算最高日用水量时,不计入消防用水量。最高日用水量的计算公式如下:

$$Q_d = mq_d \tag{1-1}$$

式中:Q_d——最高日用水量(L/d);

m——用水单位数,人或床位数等,对工业企业建筑为每班人数;

q_d——最高日用水定额{[L/(人·d)]、[L/(床·d)]或[L/(人·班)]}。

在建筑给排水中,最高日用水量反映了一座建筑一天可能达到的最大用水规模。

2)计算平均时用水量

平均时用水量是最高日用水时段内的平均小时用水量。平均时用水量的计算公式如下:

$$q_p=Q_d/T \quad (1\text{-}2)$$

式中：q_p——平均时用水量（L/h）；

T——建筑物的用水时间（h），对工业企业建筑为每班用水时间。

3）计算最大时用水量

最大时用水量是最高日最大用水时段内的小时用水量。最大时用水量的计算公式如下：

$$Q_h=q_pK_h \quad (1\text{-}3)$$

式中：K_h——最高日小时变化系数；

Q_h——最大时用水量（L/h）。

2 给水系统最大时平均秒流量与平均时平均秒流量的计算方法

在给水系统的设计计算中，有时会用到最大时平均秒流量和平均时平均秒流量，其计算公式如下：

$$Q_s=\frac{Q_h}{3\,600} \quad (2\text{-}1)$$

式中：Q_s——最大时平均秒流量（L/s）；

Q_h——最大时用水量（L/h）。

$$Q_{sp}=\frac{Q_d}{3\,600T} \quad (2\text{-}2)$$

式中：Q_d——最高日用水量（L/d）；

T——建筑物的用水时间（h）；

Q_{sp}——平均时平均秒流量（L/s）。

3　规范对建筑给排水专业各系统管道内水流速度的规定的归纳与总结

各规范对建筑给排水专业各系统管道内水流速度的范围均做出了相应的规定，用于各系统的计算校核等。这些规定出现在各规范中的不同位置，总结如下。

☞ **生活给水系统**

（1）根据《建水规》GB 50015—2019 第 3.7.13 条，生活给水管道的水流速度，宜按表 3-1 采用。

表 3-1　生活给水管道的水流速度

公称直径（mm）	15~20	25~40	50~70	≥80
水流速度（m/s）	≤1.0	≤1.2	≤1.5	≤1.8

（2）根据《建水规》GB 50015—2019 第 3.9.5 条第 2 款，（水泵宜自灌吸水，）吸水管内的流速宜采用 1.0 ~1.2 m/s。

（3）根据《建水规》GB 50015—2019 第 3.9.6 条第 3 款，[当每台水泵单独从水池（箱）吸水有困难时，可采用单独从吸水总管上自灌吸水，]吸水总管内的流速不应大于 1.2 m/s。

☞ **循环冷却水**

根据《建水规》GB 50015—2019 第 3.11.11 条，冷却水循环干管流速和循环水泵吸水管流速，应符合表 3-2 和表 3-3 的规定。

表 3-2 循环干管流速

循环干管管径（mm）	流速（m/s）
DN≤250	1.0~2.0
250<*DN*<500	2.0~2.5
DN≥500	2.5~3.0

表 3-3 循环水泵吸水管流速

循环水泵吸水管	流速（m/s）
从冷却塔集水池吸水	1.0~1.2
从循环管道吸水且 *DN*≤250	1.0~1.5
从循环管道吸水且 *DN*>250	1.5~2.0

注：循环水泵出水管可采用循环干管下限流速。

☞ 雨水系统

（1）根据《建水规》GB 50015—2019 第 5.2.36 条第 4 款，（满管压力流系统）悬吊管设计流速不宜小于 1 m/s，立管设计流速不宜大于 10 m/s；第 9 款规定，满管压力流排水管系出口应放大管径，其出口水流速度不宜大于 1.8 m/s，当其出口水流速度大于 1.8 m/s 时，应采取消能措施。

（2）根据《建水规》GB 50015—2019 第 5.3.16 条，小区雨水管道宜按满管重力流设计，管内流速不宜小于 0.75 m/s。

☞ 生活热水系统

根据《建水规》GB 50015—2019 第 6.7.8 条，热水管道的流速宜按表 3-4 选用。

表 3-4　热水管道的流速

公称直径(mm)	15~20	25~40	≥50
流速(m/s)	≤0.8	≤1.0	≤1.2

☞ 消火栓系统

(1)根据《消防给水及消火栓系统技术规范》(以下简称《消水规》)GB 50974—2014 第 4.3.5 条第 3 款,消防水池进水管管径和流量应根据市政给水管网或其他给水管网的压力、入户引入管管径、消防水池进水管管径,以及火灾时其他用水量等经水力计算确定,当计算条件不具备时,给水管的平均流速不宜大于 1.5 m/s。

(2)根据《消水规》GB 50974—2014 第 5.1.13 条第 7 款,消防水泵吸水管的直径小于 *DN*250 时,其流速宜为 1.0 ~1.2 m/s;当直径大于 *DN*250 时,宜为 1.2 ~1.6 m/s。根据第 8 款,消防水泵出水管的直径小于 *DN*250 时,流速宜为 1.5 ~2.0 m/s;直径大于 *DN*250 时,宜为 2.0 ~2.5 m/s。

(3)根据《消水规》GB 50974—2014 第 8.1.8 条,消防给水管道的设计流速不宜大于 2.5 m/s,自动水灭火系统管道设计流速,应符合现行国家标准《自动喷水灭火系统设计规范》GB 50084、《泡沫灭火系统设计规范》GB 50151、《水喷雾灭火系统设计规范》GB 50219 和《固定消防炮灭火系统设计规范》GB 50338 的有关规定,但任何消防管道的给水流速不应大于 7 m/s。

该条最后一句规定了含自喷系统等的任何消防管道的给水流速范围。

☞ 自动喷水灭火系统

根据《自动喷水灭火系统设计规范》(以下简称《喷规》)GB 50084—2017 第 9.2.1 条,管道内的水流速度宜采用经济流速,必要时可超过 5 m/s,但不应大于 10 m/s。

该条中“不应大于 10 m/s”的规定与《消水规》GB 50974—2014 第 8.1.8 条中的“任何消防管道的给水流速不应大于 7 m/s”相矛盾,建议喷淋系统管道的最大流速按《喷规》执行。

4 给水管道沿程水头损失与局部水头损失的计算方法

☞ 沿程水头损失

《建水规》GB 50015—2019 第 3.7.14 条规定,给水管道的沿程水头损失可按下式计算:

$$i=105C_h^{-1.85}d_j^{-4.87}q_g^{1.85} \tag{4-1}$$

式中：i——管道单位长度水头损失(kPa/m);

d_j——管道计算内径(m);

q_g——计算管段给水设计流量(m^3/s);

C_h——海澄-威廉系数[塑料管、内衬(涂)塑管 C_h=140;铜管、不锈钢管 C_h=130;内衬水泥、树脂的铸铁管 C_h=130;普通钢管、铸铁管 C_h=100]。

式(4-1)中的计算管段给水设计流量 q_g 就是管段内的设计秒流量。

在式(4-1)中,水头损失的单位是 kPa/m,而在一些书籍中,水头损失的单位是 mm/m。二者的换算关系是 1 kPa/m=100 mm/m。

☞ 局部水头损失

1）给水管道配水管的局部水头损失

《建水规》GB 50015—2019 第 3.7.15 条规定，生活给水管道的配水管的局部水头损失，宜按管道的连接方式，采用管（配）件当量长度法计算。当管道的管（配）件当量长度资料不足时，可根据下列管件的连接状况，按管网的沿程水头损失的百分数取值。

①管（配）件内径与管道内径一致，采用三通分水时，取 25%~30%；采用分水器分水时，取 15%~20%。

②管（配）件内径略大于管道内径，采用三通分水时，取 50%~60%；采用分水器分水时，取 30%~35%。

③管（配）件内径略小于管道内径，管（配）件的插口插入管口内连接，采用三通分水时，取 70%~80%；采用分水器分水时，取 35%~40%。

④阀门和螺纹管件的摩阻损失可按表 4-1（《建水规》GB 50015—2019 附录 D）确定。

表 4-1　阀门和螺纹管件的摩阻损失的折算补偿长度

管件内径（mm）	各种管件的折算管道长度（m）						
	90° 标准弯头	45° 标准弯头	标准三通 90° 转角流	三通直向流	闸板阀	球阀	角阀
9.5	0.3	0.2	0.5	0.1	0.1	2.4	1.2
12.7	0.6	0.4	0.9	0.2	0.1	4.6	2.4
19.1	0.8	0.5	1.2	0.2	0.2	6.1	3.6
25.4	0.9	0.5	1.5	0.3	0.2	7.6	4.6
31.8	1.2	0.7	1.8	0.4	0.2	10.6	5.5
38.1	1.5	0.9	2.1	0.5	0.3	13.7	6.7
50.8	2.1	1.2	3.0	0.6	0.4	16.7	8.5

续表

管件内径（mm）	各种管件的折算管道长度（m）						
	90° 标准弯头	45° 标准弯头	标准三通 90° 转角流	三通直向流	闸板阀	球阀	角阀
63.5	2.4	1.5	3.6	0.8	0.5	19.8	10.3
76.2	3.0	1.8	4.6	0.9	0.6	24.3	12.2
101.6	4.3	2.4	6.4	1.2	0.8	38.0	16.7
127.0	5.2	3.0	7.6	1.5	1.0	42.6	21.3
152.4	6.1	3.6	9.1	1.8	1.2	50.2	24.3

注：本表中的螺纹接口指管件无凹口的螺纹，即管件与管道在连接点内径有突变，管件内径大于管道内径；当管件为凹口螺纹，或管件与管道为等径焊接，其折算补偿长度取本表值的1/2。

2）给水管道上各类附件的局部水头损失

《建水规》GB 50015—2019 第 3.7.16 条规定，给水管道上各类附件的水头损失，应按选用产品所给定的压力损失值计算。在未确定具体产品时，可按下列情况确定。

①住宅入户管上的水表，宜取 0.01 MPa。

②建筑物或小区引入管上的水表，在生活用水工况时，宜取 0.03 MPa；在校核消防工况时，宜取 0.05 MPa。

③比例式减压阀的水头损失，宜按阀后静水压的 10%~20%确定。

④管道过滤器的局部水头损失，宜取 0.01 MPa。

⑤倒流防止器、真空破坏器的局部水头损失，应按相应产品测试参数确定。

5　水表水头损失的计算和水表的选用

☞ 水表水头损失的计算

水表水头损失的计算公式如下：

$$H_B=Q^2/K_B \qquad (5\text{-}1)$$

式中：Q——通过水表的设计流量（m^3/h）；

H_B——水表水头损失（kPa）；

K_B——水表特性系数[（m^3/h）^{2}/kPa]。

对旋翼式水表，$K_B = Q^2_{max,S}/100$；对于螺翼式水表，$K_B = Q^2_{max,L}/10$。

$Q_{max,S}$——通过旋翼式水表的最大流量（m^3/h）；

$Q_{max,L}$——通过螺翼式水表的最大流量（m^3/h）。

$Q_{max,S}$ 和 $Q_{max,L}$ 均可通过水表厂家样本查到。

水流通过所选水表的水头损失应满足表 5-1 中的要求。

表 5-1　水表水头损失允许值

单位：kPa

表型	正常用水时	消防时
旋翼式	<24.5	<49.0
螺翼式	<12.8	<29.4

☞ 水表的选用

水表的选择包括确定水表的类型和口径。水表的类型应根据水表的特性和通过水表的水质、水量、水温、水压等参数选定。

水表口径的选择需遵守规范的有关规定。《建水规》GB 50015—

2019 第 3.5.19 条规定,水表口径的确定应符合下列规定:

①用水量均匀的生活给水系统的水表应以给水设计流量选定水表的常用流量;

②用水量不均匀的生活给水系统的水表应以给水设计流量选定水表的过载流量;

③在消防时除生活用水外尚需通过消防流量的水表,应以生活用水的设计流量叠加消防流量进行校核,校核流量不应大于水表的过载流量;

④水表规格应满足当地供水主管部门的要求。

常用流量系水表在正常工作条件,即稳定或间隙流动下的最佳使用流量。用水量在计算时段内相对均匀的给水系统,如用水量相对集中的工业企业生活间、公共浴室、洗衣房、公共食堂、体育场等建筑物,用水密集,其设计秒流量与由最大小时平均流量折算的秒流量相差不大,应以设计秒流量选用水表的常用流量。而住宅、旅馆、医院等用水分散的建筑物,其设计秒流量是最高日最大时中某几分钟高峰用水时段的平均秒流量,如按此选用水表的常用流量,则水表很多时段均在比常用流量小或小得很多的情况下运行,且水表口径选得很大。因此,这类建筑按给水系统的设计秒流量选用水表的过载流量较合理。过载流量是常用流量的 1.25 倍。

居住小区由于人数多、规模大,流量虽然按设计秒流量计算,但已接近最大用水时的平均秒流量。依此流量选择小区引入管水表的常用流量。如引入管为 2 条或 2 条以上,则应平均分摊流量。生活给水的设计流量还应按消防规范的要求叠加区内一起火灾的最大消防用水的流量校核,不应大于水表的过载流量。

因供水主管部门计量收费的水表产权归属供水主管部门，因此，一般市政管接入小区的引入管上的总水表和住宅分户水表的规格往往由供水主管部门确定。

6　住宅建筑生活给水管道设计秒流量的计算方法

（1）根据《建水规》GB 50015—2019 第 2.1.28 条，在建筑生活给水管道系统设计时，按其供水的卫生器具给水当量、使用人数、用水规律在高峰用水时段的最大瞬时给水流量确定该管段的设计流量，称为给水设计秒流量，其计量单位通常以 L/s 表示。

建筑内部在排水管道设计时，按其接纳室内卫生器具数量、排水当量、排水规律在排水管段中产生的瞬时最大排水流量作为该管段的设计流量，称为排水设计秒流量，其计量单位通常以 L/s 表示。

该条文给出了设计秒流量的定义。由于管道中实际的流量不仅与管道的种类、管径等客观因素有关，还与实际的洁具使用数量等人为因素有关，而这些因素是实时变化的、无法确定的。给水排水工程中的计算是为了满足工程需要，使计算结果尽可能地接近实际情况即可，所以提出了设计秒流量的概念。由于管道内的流量在每时每刻都是不均匀的、不断变化的，所以设计秒流量不是管道中每时每刻实际的流量，而是由通过大量数据分析建立的一个经验公式计算得出的流量。计算设计秒流量，不仅是确定各管段管径的需要，也是计算管道水头损失，进而确定给水系统所需压力的主要依据。

（2）根据《建水规》GB 50015—2019 第 3.7.5 条，住宅建筑的生活给水管道的设计秒流量，应按下列步骤和方法计算。

①根据住宅配置的卫生器具给水当量、使用人数、用水定额、使用时数及小时变化系数，可按下式计算出最大用水时卫生器具给水当量平均出流概率：

$$U_o = \frac{100 q_L m K_h}{0.2 N_G T \times 3\,600} \tag{6-1}$$

式中：U_o——生活给水管道的最大用水时卫生器具给水当量平均出流概率（%）；

q_L——最高用水日的用水定额，按《建水规》GB 50015—2019 表 3.2.1 取用[L/(人·d)]；

m——每户用水人数；

K_h——小时变化系数，按《建水规》GB 50015—2019 表 3.2.1 取用；

N_G——每户设置的卫生器具给水当量数；

T——用水时数（h）；

0.2——一个卫生器具给水当量的额定流量（L/s）。

②根据计算管段上的卫生器具给水当量总数，可按下式计算得出该管段的卫生器具给水当量的同时出流概率：

$$U = 100 \times \frac{1 + \alpha_c (N_g - 1)^{0.49}}{\sqrt{N_g}} \tag{6-2}$$

式中：U——计算管段的卫生器具给水当量同时出流概率（%）；

α_c——对应于 U_o 的系数，按《建水规》GB 50015—2019 附录 B 中的表 B 取用；

N_g——计算管段的卫生器具给水当量总数。

③根据计算管段上的卫生器具给水当量同时出流概率，可按下式计算该管段的设计秒流量：

$$q_g=0.2UN_g \tag{6-3}$$

式中：q_g——计算管段的设计秒流量（L/s）。

当计算管段的卫生器具给水当量总数超过《建水规》GB 50015—2019 附录 C 表 C.0.1~表 C.0.3 中的最大值时，其设计流量应取最大时用水量。

④给水干管有两条或两条以上具有不同最大用水时卫生器具给水当量平均出流概率的给水支管时，该管段的最大用水时卫生器具给水当量平均出流概率应按下式计算：

$$\bar{U}_o=\frac{\sum U_{oi}N_{gi}}{\sum N_{gi}} \tag{6-4}$$

式中：$\bar{U}_o$——给水干管的最大用水时卫生器具给水当量平均出流概率；

U_{oi}——给水支管的最大用水时卫生器具给水当量平均出流概率；

N_{gi}——相应支管的卫生器具给水当量总数。

需要说明的是，对某栋住宅楼的其中一根给水管道，若其后所带的每户用水人数 m 相同，每户配置的卫生器具个数相同（即每户配置的卫生器具给水当量数 N_G 相同），那么无论该管道后面带多少户，该管道的最大用水时卫生器具给水当量平均出流概率 U_o 均不变。

（3）举例说明（图 6-1）。某 6 层住宅楼，每单元每层 3 户，01 门按 4 人计，卫生器具当量总数为 3；02 门按 3 人计，卫生器具当量总数为 1.5；03 门按 3.5 人计，卫生器具当量总数为 3。给水系统竖向不分区，1~6 层均采用水箱水泵加压供水，该单元 6 层（各层相同）的给水支管 D 的设计秒流量计算如下。

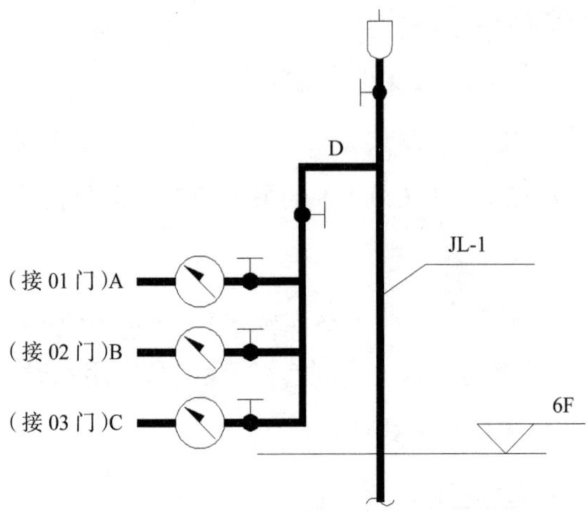

图 6-1 给水支管的设计秒流量计算图

由于管段 A、B、C 所带户的 m 和 N_G 均不同，故管段 A、B、C 的 U_o 不同。若 q_L 均取 130 L/（人·d），K_h 取 2.3，则：

管段 A 的 U_o=100 × 130 × 4 × 2.3/（0.2 × 3 × 24 × 3 600）=2.31%；

管段 B 的 U_o=100 × 130 × 3 × 2.3/（0.2 × 1.5 × 24 × 3 600）=3.46%；

管段 C 的 U_o=100 × 130 × 3.5 × 2.3/（0.2 × 3 × 24 × 3 600）=2.02%。

故管段 D 的 U_o=（2.31 × 3+3.46 × 1.5+2.02 × 3）/（3+1.5+3）=2.42%。

查《建水规》GB 50015—2019 附录 B，并运用内插法列出下式：

$$\frac{2.42-2}{x-0.010\,97}=\frac{2.5-2}{0.015\,12-0.010\,97}$$

解方程得

$$x=0.014\,46$$

即管段 D 的 α_c=0.014 46。

管段 D 的 U=100 × [1+0.014 46（7.5−1）$^{0.49}$]/7.5$^{0.5}$=37.82%。

管段 D 的设计秒流量 q_g=0.2 × 0.378 2 × 7.5=0.567 3 L/s。

立管 JL-1 在一楼地面以下的引入管所带总当量为 7.5 × 6=45。

引入管的 $U=100\times[1+0.01446(45-1)^{0.49}]/45^{0.5}=16.3\%$。

引入管的设计秒流量 $q_g=0.2\times0.163\times45=1.467$ L/s。

7　公共建筑生活给水管道设计秒流量的计算方法

（1）一些建筑的生活用水特点是用水时间长，用水设备使用不集中，宜采用平方根法计算。

《建水规》GB 50015—2019 第 3.7.6 条规定，宿舍（居室内设卫生间）、旅馆、宾馆、酒店式公寓、门诊部、诊疗所、医院、疗养院、幼儿园、养老院、办公楼、商场、图书馆、书店、客运站、航站楼、会展中心、教学楼、公共厕所等建筑的生活给水设计秒流量，应按下式计算：

$$q_g=0.2\alpha\sqrt{N_g} \tag{7-1}$$

式中：q_g——计算管段的给水设计秒流量（L/s）；

N_g——计算管段的卫生器具给水当量总数；

α——根据建筑物的用途而定的系数，应按表 7-1 采用。

表 7-1　根据建筑物的用途而定的系数值（α 值）

建筑物名称	α 值
幼儿园、托儿所、养老院	1.2
门诊部、诊疗所	1.4
办公楼、商场	1.5
图书馆	1.6
书店	1.7
教学楼	1.8
医院、疗养院、休养所	2.0

续表

建筑物名称	α 值
酒店式公寓	2.2
宿舍(居室内设卫生间)、旅馆、招待所、宾馆	2.5
客运站、航站楼、会展中心、公共厕所	3.0

《建水规》GB 50015—2019 第 3.7.7 条规定,按式(7-1)进行给水秒流量的计算应符合下列规定:

①当计算值小于该管段上最大卫生器具给水额定流量时,应采用一个最大的卫生器具给水额定流量作为设计秒流量;

②当计算值大于该管段上按卫生器具给水额定流量累加所得流量值时,应采用卫生器具给水额定流量累加所得流量值采用;

③有大便器延时自闭冲洗阀的给水管段,大便器延时自闭冲洗阀的给水当量均以 0.5 计,计算得到的 q_g 附加 1.20 L/s 的流量后为该管段的给水设计秒流量;

④综合楼建筑的 α 值应按加权平均法计算。

本条第 4 款所述综合楼建筑的 α 值按下式计算:

$$\alpha_{综合}=\sum[\alpha_1 N_{g1}+\alpha_2 N_{g2}+\alpha_3 N_{g3}+\cdots+\alpha_n N_{gn}]/\sum N_g \qquad (7\text{-}2)$$

式中:$N_g=N_{g1}+N_{g2}+N_{g3}+\cdots+N_{gn}$。

(2)还有一些建筑的生活用水特点是用水时间短,用水设备使用集中。

《建水规》GB 50015—2019 第 3.7.8 条规定,宿舍(设公用盥洗卫生间)、工业企业的生活间、公共浴室、职工(学生)食堂或营业餐馆的厨房、体育场馆、剧院、普通理化实验室等建筑的生活给水管道的设计秒流量,应按下式计算:

$$q_g = \sum q_{go} n_o b_g \tag{7-3}$$

式中：q_g——计算管段的给水设计秒流量（L/s）；

q_{go}——同类型的一个卫生器具给水额定流量（L/s）；

n_o——同类型卫生器具数；

b_g——同类型卫生器具的同时给水百分数，按表 7-2~表 7-4 采用。

表 7-2　宿舍（设公用盥洗卫生间）、工业企业生活间、公共浴室、影剧院、体育场馆等卫生器具同时给水百分数

单位：%

卫生器具名称	宿舍（设公用盥洗室卫生间）	工业企业生活间	公共浴室	影剧院	体育场馆
洗涤盆（池）	—	33	15	15	15
洗手盆	—	50	50	50	70（50）
洗脸盆、盥洗槽水嘴	5~100	60~100	60~100	50	80
浴盆	—	—	50	—	—
无间隔淋浴器	20~100	100	100	—	100
有间隔淋浴器	5~80	80	60~80	（60~80）	（60~100）
大便器冲洗水箱	5~70	30	20	50（20）	70（20）
大便槽自动冲洗水箱	100	100	—	100	100
大便器自闭式冲洗阀	1~2	2	2	10（2）	5（2）
小便器自闭式冲洗阀	2~10	10	10	50（10）	70（10）
小便器（槽）自动冲洗水箱	—	100	100	100	100
净身盆	—	33	—	—	—
饮水器	—	30~60	30	30	30
小卖部洗涤盆	—	—	50	50	50

注：1. 表中括号内的数值系电影院、剧院的化妆间、体育场馆的运动员休息室使用。

2. 健身中心的卫生间，可采用本表体育场馆运动员休息室的同时给水百分数。

表 7-3 职工食堂、营业餐馆厨房设备同时给水百分数

单位:%

厨房设备名称	同时给水百分数
洗涤盆(池)	70
煮锅	60
生产性洗涤机	40
器皿洗涤机	90
开水器	50
蒸汽发生器	100
灶台水嘴	30

注:职工或学生饭堂的洗碗台水嘴,按 100%同时给水,但不与厨房用水叠加。

表 7-4 实验室化验水嘴同时给水百分数

单位:%

化验水嘴名称	同时给水百分数	
	科研教学实验室	生产实验室
单联化验水嘴	20	30
双联或三联化验水嘴	30	50

另外,将宿舍(设公用盥洗卫生间)归为用水密集型建筑。其卫生器具的同时给水百分数随器具数量增多而减小。在实际应用中,需根据用水集中情况、冷热水是否有计费措施等情况选择上限值或下限值。

宿舍设有集中卫生间时,可按表 7-5 选用。

表 7-5　宿舍（设公用盥洗卫生间）的卫生器具的同时给水百分数

单位：%

卫生器具名称	卫生器具数量						
	1~30	31~50	51~100	101~200	201~500	501~1 000	1 000以上
洗涤盆（池）	—	—	—	—	—	—	—
洗手盆	—	—	—	—	—	—	—
洗脸盆、盥洗槽水嘴	80~100	75~80	70~75	55~70	45~55	40~45	20~40
浴盆	—	—	—	—	—	—	—
无间隔淋浴器	100	80~100	75~80	60~75	50~60	40~50	20~40
有间隔淋浴器	80	75~80	60~75	50~60	40~50	35~40	20~35
大便器冲洗水箱	70	65~70	55~65	45~55	40~45	35~40	20~35
大便槽自动冲洗水箱	100	100	100	100	100	100	100
大便器自闭式冲洗阀	2	2	2	1~2	1	1	1
小便槽自动冲洗水箱	100	100	100	100	100	100	100
小便器自闭式冲洗阀	10	9~10	8~9	6~7	5~6	4~5	2~4

8　建筑物内给水系统所需的最低水压的计算方法

一座建筑物给水系统所需的最低水压是由该建筑物内最不利用水点所需的水压决定的。最不利用水点往往位于离建筑物给水引入管最高、最远点处。只要最不利用水点处的供水压力满足洁具的使用要求，则其他各用水点的水压必然满足要求，超压位置采用减压阀减压供水。

1）经验法

在初定生活给水系统的给水方式时，对层高不超过 3.5 m 的民用建筑，室内给水系统所需的水压（自室外地面算起）可用经验法估算：① 1 层为 100 kPa;② 2 层为 120 kPa;③ 3 层及以上每增加一层,增大 40 kPa。

《室外给水设计标准》GB 50013—2018 第 3.0.10 条规定,给水管网水压按直接供水的建筑层数确定时,用户接管处的最小服务水头,一层应为 10 m,二层应为 12 m,二层以上每增加一层应增加 4 m。当二次供水设施较多采用叠压供水模式时,给水管网水压直接供水用户接管处的最小服务水头宜适当增加。

2)计算法

如图 8-1 所示。

计算公式如下:

$$H=H_1+H_2+H_3+H_4 \tag{8-1}$$

式中: H——给水系统所需水压(kPa);

H_1——室内管网中最不利配水点与引入管之间的静压差(kPa);

H_2——计算管路的沿程和局部水头损失之和(kPa);

H_3——计算管路中水表的水头损失(kPa);

H_4——最不利配水点所需最低工作压力(kPa)。

式(8-1)中的 H_4 可根据《建水规》GB 50015—2019 第 3.2.12 条表 3.2.12 中各种洁具的工作压力选取。需要说明的是,表 3.2.12 中的额定流量不是最低工作压力下的流量,两者没有对应关系。

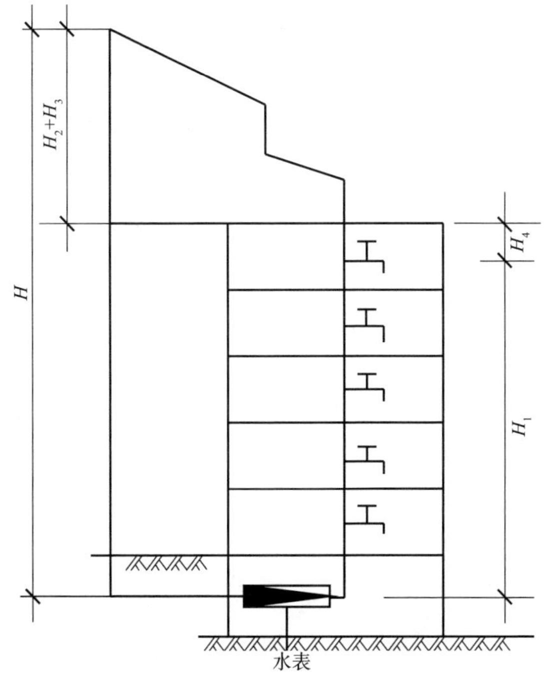

图 8-1　给水系统水压计算图

参考文献

[1] 岳秀萍. 建筑给水排水工程[M]. 北京:中国建筑工业出版社,2011.

9　压力管道内径的计算方法

给水工程中一个基本但重要的公式如下：

$$q_g=Av=\frac{\pi d_j^2 v}{4} \tag{9-1}$$

式中：q_g——给水设计秒流量(m^3/s);

d_j——管道内径(m);

v——管道内水流速度(m/s);

A——管道过水断面面积(m^2)。

由式(9-1)可知,要计算某段管道需要多大的内径 d_j,首先需要计算该段管道的给水设计秒流量 q_g,然后根据本书第 3 节"规范对建筑给排水专业各系统管道内水流速度的规定的归纳与总结"中规范所规定的各种管内流速 v 来计算管道内径 d_j,最后根据管道内径确定管道的公称直径。

已有按式(9-1)计算出的各种管材在各种流速下对应的管道内径表和各种管材对应的管道水力计算表,在实际工作中直接查表即可。管道水力计算表可查阅《建筑给水排水设计手册》等相关书籍。

10 建筑物内生活水池(箱)的容积和补水管设计流量的计算方法

☞ 低位生活水池(箱)的容积和补水管设计流量的计算方法

低位生活水池(箱)位于建筑物底部,主要作用是调节建筑给水引入管供水量与建筑内用水量的差别,供加压泵抽水向较高的楼层供水。《建水规》GB 50015—2019 第 3.8.3 条规定,生活用水低位贮水池的有效容积应按进水量与用水量变化曲线经计算确定;当资料不足时,宜按建筑物最高日用水量的 20%~25%确定。

有关低位生活水池(箱)补水管的设计流量如何计算的问题,《建水规》GB 50015—2019 第 3.7.4 条第 2 款规定,当建筑物内的生活用水全部自行加压供给时,引入管的设计流量应为贮水调节池的设计补水量;设计补水量不宜大于建筑物最高日最大时用水量,且不得小于建筑物最高日平均时用水量。

☞ 高位生活水池(箱)的容积和补水管设计流量的计算方法

高位生活水池(箱)位于建筑物顶部,主要作用是向位于水池(箱)以下的楼层供水,并对所服务楼层的水压起定压作用。《建水规》GB 50015—2019 第 3.8.4 条第 1 款规定,由城镇给水管网夜间直接进水的高位水箱的生活用水调节容积,宜按用水人数和最高日用水定额确定;由水泵联动提升进水的水箱的生活用水调节容积,不宜小于最大时用水量的 50%。

该条明确了,当高位水箱由城镇给水管网夜间直接进水,而白天由于城镇给水管网压力不稳定或其他原因而不进行补水时,水箱的容积按最高日用水量进行设计,水箱的有效容积应满足一天(最高日)的用水量。而当高位水箱由水泵供水时,水箱的容积不宜小于最大时用水量的 50%,此时高位水箱主要起调节高位水箱补水管补水量与其所服务楼层用水量的差别的作用。在此种情况下,高位水箱一般不采用变频泵供水,采用普通水泵供水即可。

有关高位生活水池(箱)补水管的设计流量的计算,当高位水箱由城镇给水管网夜间直接进水时,只要保证夜间将水箱补满水即可。故其设计流量应为最高日用水量(即高位水箱的有效容积,单位为 m^3)与补水时间 T(单位为 h)的比值。《建水规》GB 50015—2019 第 3.9.2 条规定,建筑物内采用高位水箱调节的生活给水系统时,水泵的供水能力不应小于最大时用水量。注意此处的“最大时用水量”应是水箱所服务楼层的最大时用水量。

☞ 中间生活水池（箱）的容积和补水管设计流量的计算方法

超高层建筑采用垂直串联供水时，通常的做法是设置中间水箱和提升水泵。其作用有两个：一是向所处位置以下的楼层供水并定压，二是供下一级水泵抽水之用。故中间水箱的有效容积也分为两部分。《建水规》GB 50015—2019 第 3.8.5 条第 2 款规定，生活用水调节容积应按水箱供水部分和转输部分水量之和确定；供水水量的调节容积，不宜小于供水服务区域楼层最大时用水量的 50%；转输水量的调节容积，应按提升水泵 3 ~5 min 的流量确定；当中间水箱无供水部分生活调节容积时，转输水量的调节容积宜按提升水泵 5 ~10 min 的流量确定。

需要说明的是，该条文中所提到的“提升水泵”指从中间水箱抽水向中间水箱以上的各层供水的水泵。该水泵流量的确定可分为两种情况：当该水泵向高位生活水箱供水，再由高位生活水箱向下供水时，应按《建水规》GB 50015—2019 第 3.9.2 条，采用其所服务的楼层的最大时用水量计算该水泵的流量；当采用变频泵向中间水箱以上的楼层供水时，不需设高位水箱，则应采用其所服务楼层的设计秒流量计算该水泵的流量。

中间生活水池（箱）补水管的设计流量取中间水箱与高位水箱所有供水范围的最高日最大时用水量之和计算。

11 加权平均数的计算方法

在实际的工程设计中，有时会遇到求加权平均数的情况。如《建水规》GB 50015—2019 第 3.7.7 条第 4 款规定，综合楼建筑的 α 值应按加权平均法计算。

加权平均数是不同比重数据的平均值，加权平均法就是把原始数据取合理的比例来计算求平均数。例如有若干个数，分别为 x_1，x_2，…，x_n，若 x_1 出现了 y_1 次，x_2 出现了 y_2 次，…，x_n 出现了 y_n 次，则[（$x_1y_1+x_2y_2+\cdots+x_ny_n$）/（$y_1+y_2+\cdots+y_n$）]叫作 x_1，x_2，…，x_n 的加权平均数。y_1，y_2，…，y_n 就是 x_1，x_2，…，x_n 的权。

例如，某综合楼建筑共 6 层，1~2 层为商场（α=1.5），总当量数为 20；3~6 层为旅馆（α=2.5），总当量数为 125。问：该楼的 α 值为多少？

解：α=（20×1.5+125×2.5）/（20+125）=2.4

12 消火栓保护半径的计算方法

消火栓的保护半径与水龙带长度 L_d 和水枪喷嘴的充实水柱长度 H_m 有关。水龙带长度一般有 20 m 和 25 m 两种规格可供选择，充实水柱长度 H_m 在规范中有相应的规定。《消水规》GB 50974—2014 第 7.4.12 条第 2 款规定，高层建筑、厂房、库房和室内净空高度超过 8 m 的民用建筑等场所，消火栓栓口动压不应小于 0.35 MPa，且消防水枪充实水柱应按 13 m 计算；其他场所，消火栓栓口动压不应小于 0.25 MPa，且消防水枪充实水柱应按 10 m 计算。在确定了 L_d 和 H_m 后，消火栓保护半径按下式计算：

$$R=CL_d+\cos 45^\circ \times H_m \tag{12-1}$$

式中：C——水龙带展开时的弯曲折减系数，一般取 0.8~0.9。若建筑平面房间较多，灭火时需要在各房间穿梭，故水龙带会弯曲打折，因此需要考虑 C 作为水龙带的折减系数。

13 建筑灭火器的配置方法与计算

在建筑消防设计中，均应考虑建筑灭火器的配置问题。《建筑设计防火规范》(以下简称《建火规》)GB 50016—2014(2018 年版)第 8.1.10 条规定，高层住宅建筑的公共部位和公共建筑内应设置灭火器。其他住宅建筑的公共部位宜设置灭火器，厂房、仓库、储罐(区)和堆场，应设置灭火器。该条文规定了需要设置灭火器的场所，可以说，几乎所有类型建筑的给排水设计均需要设计灭火器。

《建筑灭火器配置设计规范》GB 50140—2005 第 1.0.3 条规定，灭火器的配置类型、规格、数量及其设置位置应作为建筑消防工程设计的内容，并应在工程设计图上标明。第 7.3.5 条第 8 款规定，在工程设计图上用灭火器图例和文字标明灭火器的型号、数量与设置位置。以上两条规定要求在进行图纸设计时，将灭火器的图例和文字明确绘制和标注在图纸上。

《建筑灭火器配置设计规范》GB 50140—2005 第 7.3.5 条规定，灭火器配置的设计计算可按下述程序进行：

①确定各灭火器配置场所的火灾种类和危险等级；

②划分计算单元，计算各计算单元的保护面积；

③计算各计算单元的最小需配灭火级别；

④确定各计算单元中的灭火器设置点的位置和数量；

⑤计算每个灭火器设置点的最小需配灭火级别；

⑥确定每个设置点灭火器的类型、规格与数量；

⑦确定每具灭火器的设置方式和要求；

⑧在工程设计图上用灭火器图例和文字标明灭火器的型号、数量与设置位置。

下面对该条文中的各款内容加以说明和归纳总结。

1)确定各灭火器配置场所的火灾种类和危险等级

对灭火器配置场所火灾种类的划分,《建筑灭火器配置设计规范》GB 50140—2005 第 3.1.2 条规定,灭火器配置场所的火灾种类可划分为以下五类。

① A 类火灾:固体物质火灾。

② B 类火灾:液体火灾或可熔化固体物质火灾。

③ C 类火灾:气体火灾。

④ D 类火灾:金属火灾。

⑤ E 类火灾(带电火灾):物体带电燃烧火灾。

本条将灭火器配置场所的火灾种类划分为以下五类,并进行了列举,以方便有关人员正确理解和合理应用。对未列举的场所,可比对本条各款的定义和例子,然后予以确定。

① A 类火灾:指固体物质火灾。如木材、棉、毛、麻、纸张及其制品等燃烧的火灾。

② B 类火灾:指液体火灾或可熔化固体物质火灾。如汽油、煤油、柴油、原油、甲醇、乙醇、沥青、石蜡等燃烧的火灾。

③ C 类火灾:指气体火灾。如煤气、天然气、甲烷、乙烷、丙烷、氢气等燃烧的火灾。

④ D 类火灾:指金属火灾。如钾、钠、镁、钛、锆、锂、铝镁合金等燃烧的火灾。

⑤E类(带电)火灾:指带电物体的火灾。如发电机房、变压器室、配电间、仪器仪表间和电子计算机房等在燃烧时不能及时断电或不宜断电的电气设备带电燃烧的火灾。E类火灾是建筑灭火器配置设计的专用概念,主要指发电机、变压器、配电盘、开关箱、仪器仪表和电子计算机等在燃烧时仍旧带电的火灾,必须用能达到电绝缘性能要求的灭火器来扑灭。对于仅有常规照明线路和普通照明灯具而且并无上述电气设备的普通建筑场所,可不按E类火灾的规定配置灭火器。

对灭火器配置场所的危险等级,规范分别对工业建筑和民用建筑进行了规定。

(1)《建筑灭火器配置设计规范》GB 50140—2005第3.2.1条规定,工业建筑灭火器配置场所的危险等级,应根据其生产、使用、储存物品的火灾危险性,可燃物数量,火灾蔓延速度,扑救难易程度等因素,划分为以下三级。

①严重危险级:火灾危险性大,可燃物多,起火后蔓延迅速,扑救困难,容易造成重大财产损失的场所。

②中危险级:火灾危险性较大,可燃物较多,起火后蔓延较迅速,扑救较难的场所。

③轻危险级:火灾危险性较小,可燃物较少,起火后蔓延较缓慢,扑救较易的场所。

工业建筑灭火器配置场所的危险等级举例见《建筑灭火器配置设计规范》GB 50140—2005附录C。

(2)《建筑灭火器配置设计规范》GB 50140—2005第3.2.2条规定,民用建筑灭火器配置场所的危险等级,应根据其使用性质、人员密集程度、用电用火情况、可燃物数量、火灾蔓延速度、扑救难易程度等因素，划分为以下三级。

①严重危险级：使用性质重要，人员密集，用电用火多，可燃物多，起火后蔓延迅速，扑救困难，容易造成重大财产损失或人员群死群伤的场所。

②中危险级：使用性质较重要，人员较密集，用电用火较多，可燃物较多，起火后蔓延较迅速，扑救较难的场所。

③轻危险级：使用性质一般，人员不密集，用电用火较少，可燃物较少，起火后蔓延较缓慢，扑救较易的场所。

民用建筑灭火器配置场所的危险等级举例见《建筑灭火器配置设计规范》GB 50140—2005 附录 D。

2）划分计算单元，计算各计算单元的保护面积

《建筑灭火器配置设计规范》GB 50140—2005 第 7.2.1 条规定，灭火器配置设计的计算单元应按下列规定划分。

①当一个楼层或一个水平防火分区内各场所的危险等级和火灾种类相同时，可将其作为一个计算单元。

②当一个楼层或一个水平防火分区内各场所的危险等级和火灾种类不相同时，应将其分别作为不同的计算单元。

③同一计算单元不得跨越防火分区和楼层。

《建筑灭火器配置设计规范》GB 50140—2005 第 7.2.2 条规定，计算单元保护面积的确定应符合下列规定：

①建筑物应按其建筑面积确定；

②可燃物露天堆场，甲、乙、丙类液体储罐区，可燃气体储罐区应按

堆垛、储罐的占地面积确定。

某一灭火器配置场所，当其危险等级和火灾种类有一项或两项与相邻的其他场所不相同时，应将其单独作为一个计算单元来考虑。例如，办公楼内某楼层有一间专用的计算机房和若干间办公室，则应将计算机房单独作为一个计算单元来配置灭火器，并可将其他若干间办公室组合起来作为一个计算单元（可称之为组合计算单元）来配置灭火器。这时，一间计算机房（即一个灭火器配置场所，一个房间或一个套间）就是一个计算单元，这是一个计算单元等于一个灭火器配置场所的特例，可称之为独立计算单元。

3）计算各计算单元的最小需配灭火级别

《建筑灭火器配置设计规范》GB 50140—2005 第 7.3.1 条规定，计算单元的最小需配灭火级别应按下式计算：

$$Q = K\frac{S}{U} \tag{13-1}$$

式中：Q——计算单元的最小需配灭火级别（A 或 B）；

S——计算单元的保护面积（m^2）；

U——A 类或 B 类火灾场所单位灭火级别最大保护面积（m^2/A 或 m^2/B）；

K——修正系数。

《建筑灭火器配置设计规范》GB 50140—2005 第 7.3.2 条规定，修正系数应按表 13-1 的规定取值。

表 13-1　修正系数

计算单元	K
未设室内消火栓系统和灭火系统	1.0
设有室内消火栓系统	0.9
设有灭火系统	0.7
设有室内消火栓系统和灭火系统	0.5
可燃物露天堆场 甲、乙、丙类液体储罐区 可燃气体储罐区	0.3

注意由式(13-1)得到的计算单元的最小需配灭火级别计算值就是《建筑灭火器配置设计规范》GB 50140—2005 规定的该计算单元扑救初起火灾所需灭火器的灭火级别最低值。如果实配灭火器的灭火级别合计值不能正好等于最小需配灭火级别计算值,就应使其大于最小需配灭火级别计算值。

《建筑灭火器配置设计规范》GB 50140—2005 第 7.3.3 条规定,歌舞娱乐放映游艺场所、网吧、商场、寺庙以及地下场所等的计算单元的最小需配灭火级别应按下式计算:

$$Q = 1.3K\frac{S}{U} \tag{13-2}$$

该条文对一些火灾危险性较大的场所的计算单元的最小需配灭火级别进行了加大。

4)确定各计算单元中的灭火器设置点的位置和数量

灭火器设置点的数量跟灭火器的最低配置基准有关系。以下条文是规范中关于各类火灾场所灭火器的最低配置基准的规定。

(1)《建筑灭火器配置设计规范》GB 50140—2005 第 6.2.1 条规

定,A 类火灾场所灭火器的最低配置基准应符合表 13-2 的规定。

表 13-2 A 类火灾场所灭火器的最低配置基准

危险等级	严重危险级	中危险级	轻危险级
单具灭火器最小配置灭火级别	3 A	2 A	1 A
单位灭火级别最大保护面积(m^2/A)	50	75	100

(2)《建筑灭火器配置设计规范》GB 50140—2005 第 6.2.2 条规定,B、C 类火灾场所灭火器的最低配置基准应符合表 13-3 的规定。

表 13-3 B、C 类火灾场所灭火器的最低配置基准

危险等级	严重危险级	中危险级	轻危险级
单具灭火器最小配置灭火级别	89 B	55 B	21 B
单位灭火级别最大保护面积(m^2/B)	0.5	1.0	1.5

(3)《建筑灭火器配置设计规范》GB 50140—2005 第 6.2.3 条规定,D 类火灾场所灭火器的最低配置基准应根据金属的种类、物态及其特性等研究确定。

(4)《建筑灭火器配置设计规范》GB 50140—2005 第 6.2.4 条规定,E 类火灾场所灭火器的最低配置基准不应低于该场所内 A 类(或 B 类)火灾的规定。

因为 E 类火灾通常伴随着 A 类或 B 类火灾而发生,所以 E 类火灾场所灭火器的最低配置基准可按 A 类或 B 类火灾场所灭火器的最低配置基准执行。

例如,如果根据步骤 3)计算得到某计算单元的最小需配灭火级别

计算值是 10 A，而选配的且符合表 13-2 的规定的各具灭火器的灭火级别均是 2 A，则灭火器最少需配数量就是 5 具；如果该计算单元的最小需配灭火级别计算值为 9 A，则灭火器最少需配数量仍然是 5 具，因为 2×5=10 A 是大于 9 A 的数值里的最小整数值。再根据灭火器最大保护距离将 5 具或者多于 5 具的灭火器分散配置到建筑平面的各个灭火器设置点，得到灭火器设置点的数量。

以下条文是规范中关于各类火灾场所的灭火器最大保护距离的规定。

①《建筑灭火器配置设计规范》GB 50140—2005 第 5.2.1 条规定，设置在 A 类火灾场所的灭火器，其最大保护距离应符合表 13-4 的规定。

表 13-4　A 类火灾场所的灭火器最大保护距离

单位：m

危险等级	灭火器形式	
	手提式灭火器	推车式灭火器
严重危险级	15	30
中危险级	20	40
轻危险级	25	50

②《建筑灭火器配置设计规范》GB 50140—2005 第 5.2.2 条规定，设置在 B、C 类火灾场所的灭火器，其最大保护距离应符合表 13-5 的规定。

表 13-5　B、C 类火灾场所的灭火器最大保护距离

单位：m

危险等级	灭火器形式	
	手提式灭火器	推车式灭火器
严重危险级	9	18

续表

危险等级	灭火器形式	
	手提式灭火器	推车式灭火器
中危险级	12	24
轻危险级	15	30

③《建筑灭火器配置设计规范》GB 50140—2005 第 5.2.3 条规定，D 类火灾场所的灭火器，其最大保护距离应根据具体情况研究确定。

④《建筑灭火器配置设计规范》GB 50140—2005 第 5.2.4 条规定，E 类火灾场所的灭火器，其最大保护距离不应低于该场所内 A 类或 B 类火灾的规定。

因为 E 类火灾通常伴随着 A 类或 B 类火灾而发生，所以设置在 E 类火灾场所的灭火器，其最大保护距离可按照与之同时存在的 A 类或 B 类火灾的规定执行。

5)计算每个灭火器设置点的最小需配灭火级别

《建筑灭火器配置设计规范》GB 50140—2005 第 7.3.4 条规定，计算单元中每个灭火器设置点的最小需配灭火级别应按下式计算：

$$Q_e = \frac{Q}{N} \tag{13-3}$$

式中：Q_e——计算单元中每个灭火器设置点的最小需配灭火级别（A 或 B）；

N——计算单元中的灭火器设置点数（个）。

注意此步骤计算的是每个灭火器设置点的最小需配灭火级别，而步骤 3)计算的是各计算单元的最小需配灭火级别，应加以区分。

在得出了计算单元的最小需配灭火级别计算值和确定了计算单元

中的灭火器设置点数后，接着需计算出每个灭火器设置点的最小需配灭火级别。

《建筑灭火器配置设计规范》GB 50140—2005 第 7.1.2 条规定，每个灭火器设置点实配灭火器的灭火级别和数量不得小于最小需配灭火级别和数量的计算值。

例如，某计算单元的最小需配灭火级别 Q=9 A。在考虑了灭火器的最大保护距离和其他因素后，最终确定了 3 个灭火器设置点，每个灭火器设置点的最小需配灭火级别 Q_e=9/3=3 A。也就是要求每个设置点的实配灭火器的灭火级别均至少应为 3 A。

6）确定每个灭火器设置点的灭火器的类型、规格与数量

在步骤 4）和 5）所举的例子中，若经步骤 4）得到某计算单元的最小需配灭火级别计算值是 10 A，而选配的且符合表 13-2 的规定的各具灭火器的灭火级别均是 2 A，同时经步骤 5）计算得到每个灭火器设置点实配灭火器的灭火级别至少应为 3 A，则每个灭火器设置点可以配置 3 具 1 A 灭火器，也可以配置 2 具 2 A 灭火器或者 1 具 3 A 灭火器。

另外还需注意，《建筑灭火器配置设计规范》GB 50140—2005 第 5.1.1 条规定，灭火器应设置在位置明显和便于取用的地点，且不得影响安全疏散。第 6.1.1 条规定，一个计算单元内配置的灭火器数量不得少于 2 具。第 6.1.2 条规定，每个设置点的灭火器数量不宜多于 5 具。第 7.1.3 条规定，灭火器设置点的位置和数量应根据灭火器的最大保护距离确定，并应保证最不利点至少在 1 具灭火器的保护范围内。

14 热水系统设计计算中热水温度的选取问题

《建水规》GB 50015—2019 中有关热水温度的规定出现于多处，有些是对卫生器具用水点水温的规定，有些是对水加热器出水温度的规定，下面对各种热水温度加以总结归纳。

（1）《建水规》GB 50015—2019 第 6.2.1 条规定，热水用水定额应根据卫生器具完善程度和地区条件，按该标准中的表 6.2.1-1 确定。卫生器具的一次和小时热水用水定额及水温应按该标准中的表 6.2.1-2 确定。

在该条文中，表 6.2.1-1 的注 2 中的“本表以 60 ℃热水水温为计算温度”表明该表中的各用水定额是以 60 ℃热水水温为计算温度的。这是对热水用水定额的补充说明，不是对热水温度的规定。用水定额本质上是用水量，它的多少显然跟计算时热水选取的温度有关，而该表中的用水定额均是按照 60 ℃热水水温计算得到的。需要注意的是，该温度（60 ℃）既不是卫生器具用水点的水温，也不是加热设备（如换热器、锅炉等）出水口的水温，而是为了计算热水用水定额统一采用的水温。

表 6.2.1-2 给出了卫生器具的一次和小时热水用水定额与水温，该表中规定了各种卫生器具的使用温度，使用温度是冷水、热水混合后流出卫生器具的水温，即图 14-1 中点 *A* 处的热水温度。

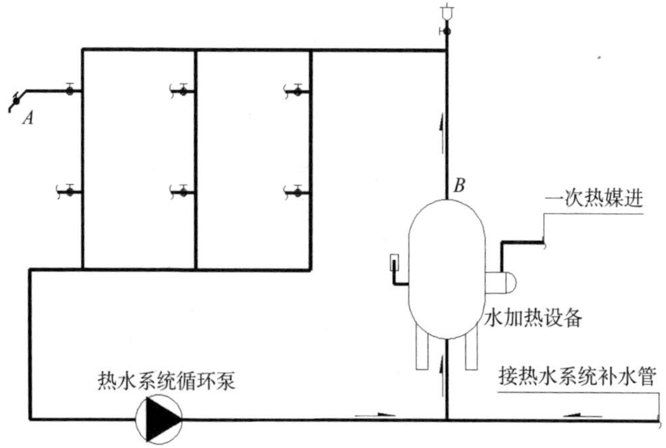

图 14-1　生活热水系统简图

（2）《建水规》GB 50015—2019 第 6.2.6 条规定，集中热水供应系统的水加热设备出水温度应根据原水水质、使用要求、系统大小及消毒设施灭菌效果等确定，并应符合下列规定。

①进入水加热设备的冷水总硬度（以碳酸钙计）小于 120 mg/L 时，水加热设备最高出水温度应小于或等于 70 ℃；冷水总硬度（以碳酸钙计）大于或等于 120 mg/L 时，最高出水温度应小于或等于 60 ℃。

②系统不设灭菌消毒设施时，医院、疗养所等建筑的水加热设备出水温度应为 60～65 ℃，其他建筑水加热设备出水温度应为 55～60 ℃；系统设灭菌消毒设施时水加热设备出水温度均宜相应降低 5 ℃。

③配水点水温不应低于 45 ℃。

本条文规定了集中热水供应系统的水加热设备出水温度，即图 14-1 中点 *B* 处的热水温度。

（3）《建水规》GB 50015—2019 第 6.4.2 条规定，设计小时热水量可按下式计算：

$$q_{rh}=\frac{Q_h}{(t_{r2}-t_1)c\rho_r C_\gamma} \tag{14-1}$$

式中：q_{rh}——设计小时热水量（L/h）；

t_{r2}——设计热水温度（℃）；

Q_h——设计小时耗热量（kJ/h）；

t_1——冷水温度（℃）；

c——水的比热[kJ/（kg·℃）]，c=4.187 kJ/（kg·℃）；

ρ_r——热水密度（kg/L）；

C_γ——热水供应系统的热损失系数，C_γ=1.10~1.15。

注意式（14-1）中的设计热水温度 t_{r2} 是计算设计小时耗热量 Q_h 时选用的热水温度。例如，若计算 Q_h 时选用的热水温度是 60 ℃，则 t_{r2}=60 ℃；若计算 Q_h 时选用的热水温度是卫生洁具的使用温度，则 t_{r2} 也应选取卫生洁具的使用温度。

15　各种建筑设计小时热水量的计算方法

《建水规》GB 50015—2019 第 6.4.2 条规定，设计小时热水量可按下式计算：

$$q_{rh}=\frac{Q_h}{(t_{r2}-t_1)c\rho_r C_\gamma} \tag{15-1}$$

需要说明的是，式（15-1）中的冷水温度 t_1 应按《建水规》GB 50015—2019 第 6.2.5 条的规定选用；设计热水温度 t_{r2} 是水加热器出水温度或贮水温度，应按《建水规》GB 50015—2019 第 6.2.6 条的规定选用。

16　各种建筑设计小时耗热量的计算方法

（1）《建水规》GB 50015—2019 第 6.4.1 条第 2 款规定，宿舍（居室内设卫生间）、住宅、别墅、酒店式公寓、招待所、培训中心、旅馆、宾馆的客房（不含员工）、医院住院部、养老院、幼儿园、托儿所（有住宿）、办公楼等建筑的全日集中热水供应系统的设计小时耗热量应按下式计算：

$$Q_h = K_h \frac{mq_r c(t_r - t_l)\rho_r}{T} C_\gamma \tag{16-1}$$

式中：Q_h——设计小时耗热量（kJ/h）；

m——用水计算单位数（人或床）；

q_r——热水用水定额［L/（人·d）或 L/（床·d）］，按《建水规》GB 50015—2019 表 6.2.1-1 中的最高日用水定额采用；

t_r——热水温度（℃），t_r=60 ℃；

c——水的比热［kJ/（kg·℃）］，c=4.187 kJ/（kg·℃）；

t_l——冷水温度（℃），按《建水规》GB 50015—2019 表 6.2.5 取用；

ρ_r——热水密度（kg/L）；

T——每日使用时间（h），按《建水规》GB 50015—2019 表 6.2.1-1 取用；

C_γ——热水供应系统的热损失系数，C_γ=1.10~1.15；

K_h——小时变化系数，可按表 16-1 取用。

表 16-1　热水的小时变化系数 K_h

类别	住宅	别墅	酒店式公寓	宿舍（居室内设卫生间）	招待所、培训中心、普通旅馆	宾馆	医院、疗养院	幼儿园、托儿所	养老院
热水用水定额{L/[人（床）·d]}	60~100	70~110	80~100	70~100	25~40 40~60 50~80 60~100	120~160	60~100 70~130 110~200 100~160	20~40	50~70
使用人（床）数	100~6 000	100~6 000	150~1 200	150~1 200	150~1 200	150~1 200	50~1 000	50~1 000	50~1 000
K_h	4.80~2.75	4.21~2.47	4.00~2.58	4.80~3.20	3.84~3.00	3.33~2.60	3.63~2.56	4.80~3.20	3.20~2.74

注：1. 表中热水用水定额与《建水规》GB 50015—2019 表 6.2.1-1 中最高日用水定额对应。

2. K_h 应根据热水用水定额高低、使用人（床）数多少取值，当热水用水定额高、使用人（床）数多时取低值，反之取高值。使用人（床）数小于或等于下限值及大于或等于上限值时，K_h 就取上限值及下限值，中间值可用定额与人（床）数的乘积作为变量采用内插法求得。

3. 设有全日集中热水供应系统的办公楼、公共浴室等表中未列入的其他类建筑的 K_h 值可按《建 水规》GB 50015—2019 表 3.2.2 中给水的小时变化系数选值。

（2）《建水规》GB 50015—2019 第 6.4.1 条第 3 款规定，定时集中热水供应系统，工业企业生活间、公共浴室、宿舍（设公用盥洗卫生间）、剧院化妆间、体育场（馆）运动员休息室等建筑的全日集中热水供应系统和局部热水供应系统的设计小时耗热量应按下式计算：

$$Q_h = \sum q_h c(t_{r1} - t_1)\rho_r n_o b_g C_\gamma \tag{16-2}$$

式中：Q_h——设计小时耗热量（kJ/h）；

q_h——卫生器具热水的小时用水定额（L/h），按《建水规》GB 50015—2019 表 6.2.1-2 取用；

t_{r1}——使用温度(℃),按《建水规》GB 50015—2019 表 6.2.1-2 中的“使用水温”取用;

n_o——同类型卫生器具数;

b_g——同类型卫生器具的同时使用百分数。住宅、旅馆、医院、疗养院病房、卫生间内浴盆或淋浴器可按 70%~100%计,其他器具不计,但定时连续供水时间应大于或等于 2 h;工业企业生活间、公共浴室、宿舍(设公用盥洗卫生间)、剧院、体育场(馆)等的浴室内的淋浴器和洗脸盆均按《建水规》GB 50015—2019 表 3.7.8-1 的上限取值;住宅一户设有多个卫生间时,可按一个卫生间计算。

(3)《建水规》GB 50015—2019 第 6.4.1 条第 4 款规定,具有多个不同使用热水部门的单一建筑或具有多种使用功能的综合性建筑,当其热水由同一全日集中热水供应系统供应时,设计小时耗热量可按同一时间内出现用水高峰的主要用水部门的设计小时耗热量,加其他用水部门的平均小时耗热量计算。

本条是针对有不同的使用热水部门的单一功能建筑(如旅馆内具有客房卫生间、职工公用淋浴间、洗衣房、厨房、游泳池、健身娱乐设施等多个热水用户)或综合性建筑(同一栋建筑内有公寓、办公用房、商业用房、旅馆等多种用途)而制定的耗热量计算方法。条文中所说的“同一时间内”并不一定非要整个时段完全重合。其计算公式为

$$Q_h = \sum Q_{h,max} + \sum Q_{h,men} \tag{16-3}$$

式中：Q_h——设计小时耗热量(kJ/h);

$Q_{h,max}$——在系统出现用水高峰的时间内,主要用户的设计小时

耗热量(kJ/h);

$Q_{h,men}$——在 $Q_{h,max}$ 出现的同时,其他用户的平均小时耗热量(kJ/h)。

(4)《建水规》GB 50015—2019 第 6.4.1 条第 1 款规定,设有集中热水供应系统的居住小区的设计小时耗热量,应按下列规定计算:

①当居住小区内配套公共设施的最大用水时时段与住宅的最大用水时时段一致时,应按两者的设计小时耗热量叠加计算;

②当居住小区内配套公共设施的最大用水时时段与住宅的最大用水时时段不一致时,应按住宅的设计小时耗热量加配套公共设施的平均小时耗热量叠加计算。

本条是针对内部设有住宅及其他配套公共设施的居住小区而制定的耗热量计算方法。条文中所说的"用水时段一致",并不一定非要整个时段完全重合。

(5)《建水规》GB 50015—2019 第 6.4.1 条第 1 款和第 4 款均出现了"平均小时耗热量",其计算公式如下:

$$Q_h = \frac{mq_r c(t_r - t_1)\rho_r}{T} C_\gamma \tag{16-4}$$

式(16-4)与《建水规》GB 50015—2019 第 6.4.1 条第 2 款给出的设计小时耗热量计算公式[式(16-1)]相比,只是少了小时变化系数 K_h。

17 换热器(水加热器)设计小时供热量的计算方法

水加热器供热量的计算是后续计算换热器换热面积的依据。

(1)《建水规》GB 50015—2019 第 6.4.3 条第 1 款规定,导流型容积式水加热器或贮热容积与其相当的水加热器、燃油(气)热水机组

（的设计小时供热量）应按下式计算：

$$Q_{g}=Q_{h}-\frac{\eta V_{r}}{T_{1}}(t_{r2}-t_{1})c\rho_{r} \tag{17-1}$$

式中：Q_{g}——导流型容积式水加热器的设计小时供热量（kJ/h）；

η——有效贮热容积系数（导流型容积式水加热器 η 取 0.8~0.9；第一循环系统为自然循环时，卧式贮热水罐 η 取 0.80~0.85，立式贮热水罐 η 取 0.85~0.90；第一循环系统为机械循环时，卧、立式贮热水罐 η 取 1.0）；

Q_{h}——设计小时耗热量（kJ/h）；

t_{r2}——设计热水温度（℃）；

V_{r}——总贮热容积（L）；

t_{1}——冷水温度（℃）；

c——水的比热［kJ/（kg·℃）］，c=4.187 kJ/（kg·℃）；

ρ_{r}——热水密度（kg/L）；

T_{1}——设计小时耗热量持续时间（h）［全日集中热水供应系统 T_{1} 取 2~4 h；定时集中热水供应系统 T_{1} 等于定时供水的时间（h）；当 Q_{g} 计算值小于平均小时耗热量时，Q_{g} 应取平均小时耗热量］。

式（17-1）的意义为带有相当量贮热容积的水加热设备供热时，系统的设计小时耗热量由两部分组成：一部分是设计小时耗热量时间段内热媒的供热量 Q_{g}；另一部分是供给设计小时耗热量前水加热设备内已贮存的热量，即式（17-1）的后半部分 $\frac{\eta V_{r}}{T_{1}}(t_{r2}-t_{1})c\rho_{r}$。

式（17-1）比较合理地解决了热媒供热量问题，即热源设备容量与水加热设备之间的搭配关系。即前者大后者可小，或前者小后者可大。

这样避免了以往设计中不管水加热设备的贮热容积多大，热源设备均按设计小时耗热量来选择，从而造成热源设备和水加热设备均偏大，利用率低，不合理、不经济的现象。但当 Q_g 小于平均小时耗热量时，Q_g 应按平均小时耗热量取值。

（2）《建水规》GB 50015—2019 第 6.4.3 条第 2 款规定，半容积式水加热器或贮热容积与其相当的水加热器、燃油（气）热水机组的设计小时供热量应按设计小时耗热量计算，即

$$Q_g=Q_h \tag{17-2}$$

半容积式水加热器的贮热容积只有导流型容积式水加热器的 1/3~1/2，甚至更小，主要起调节稳定温度的作用，防止设备出水时冷时热。在调节供热量方面，只能调节设计小时耗热量与设计秒流量耗热量之间的差值，即保证在 2 ~5 min 的高峰秒流量时不断热水。而这部分贮热容积对设计小时耗热量的调节作用很小，可以忽略不计。因此，半容积式水加热器的热媒供热量或贮热容积与其相当的热水机组的供热量即按设计小时耗热量计算。

（3）《建水规》GB 50015—2019 第 6.4.3 条第 3 款规定，半即热式、快速式水加热器的设计小时供热量应按下式计算：

$$Q_g=3\,600q_g(t_r-t_l)c\rho_r \tag{17-3}$$

式中：Q_g——半即热式、快速式水加热器的设计小时供热量（kJ/h）；

q_g——集中热水供应系统供水总干管的设计秒流量（L/s）。

半即热式、快速式水加热器的供热量按设计秒流量的耗热量计算。半即热式等水加热设备的贮热容积一般不足 2 min 的设计小时耗热量所需的贮热容积，对进入设备的被加热水的温度与热量基本上起不到调

节平衡作用。因此，其供热量应按设计秒流量所需的耗热量计算。当半即热式、快速式水加热器配贮热水罐（箱）供热水时，其设计小时供热量可按导流型容积式或半容积式水加热器的设计小时供热量计算。

18　换热器贮水容积和计算总容积的计算方法

（1）《建水规》GB 50015—2019 第 6.5.11 条第 1 款规定，内置加热盘管的加热水箱、导流型容积式水加热器、半容积式水加热器的贮热量应符合表 18-1 的规定。

表 18-1　水加热设施的贮热量

加热设施	以蒸汽和 95 ℃以上的热水为热媒		以温度小于或等于 95 ℃的热水为热媒	
	工业企业淋浴室	其他建筑物	工业企业淋浴室	其他建筑物
内置加热盘管的加热水箱	≥30 min·Q_h	≥45 min·Q_h	≥60 min·Q_h	≥90 min·Q_h
导流型容积式水加热器	≥20 min·Q_h	≥30 min·Q_h	≥30 min·Q_h	≥40 min·Q_h
半容积式水加热器	≥15 min·Q_h	≥15 min·Q_h	≥15 min·Q_h	≥20 min·Q_h

注：1. 燃油（气）热水机组所配贮热水罐，贮热量宜根据热媒供应情况按导流型容积式水加热器或半容积式水加热器确定。

2. 表中 Q_h 为设计小时耗热量（kJ/h）。

表 18-1 中给出的是贮热量，按下式换算得到贮水容积：

$$V_e = \frac{TQ_h}{(t_r - t_l)c\rho_r} \qquad (18\text{-}1)$$

式中：V_e——加热设施的贮水容积（L）；

T——加热设施的贮热时间（h），按表 18-1 取值（注意需将表中的时间换算成小时后，再代入公式计算）；

Q_h——设计小时耗热量（kJ/h）；

t_r——热水温度，即加热器的供水温度（℃）；

t_l——冷水温度（℃）；

c——水的比热[kJ/（kg·℃）]，c=4.187 kJ/（kg·℃）；

ρ_r——热水密度（kg/L）。

（2）《建水规》GB 50015—2019 第 6.5.11 条第 2 款规定，半即热式、快速式水加热器，当热媒按设计秒流量供应且有完善、可靠的温度自动控制及安全装置时，可不设贮热水罐；当其不具备上述条件时，应设贮热水罐；贮热量宜根据热媒供应情况按导流型容积式水加热器或半容积式水加热器确定。

（3）前面计算得到的是换热器的有效贮热容积。换热器的总容积（V_r）等于换热器的有效贮热容积（贮水容积 V_e）和附加容积之和，即

$$V_r=(1+\eta)V_e \tag{18-2}$$

式中：η——导流型容积式水加热器、贮热水箱（罐）的附加系数。导流型容积式水加热器 η 取 0.8~0.9；第一循环系统为自然循环时，卧式贮热水罐 η 取 0.80~0.85，立式贮热水罐 η 取 0.85~0.90；第一循环系统为机械循环时，卧、立式贮热水罐 η 取 1.0。

当采用半容积式水加热器、带有强制罐内水循环水泵的水加热器或贮热水箱（罐）时，其计算容积可不附加。

19 水加热器加热面积的计算方法

（1）《建水规》GB 50015—2019 第 6.5.7 条规定，水加热器的加热

面积应按下式计算：

$$F_{jr}=\frac{Q_g}{\varepsilon K\Delta t_j} \quad (19\text{-}1)$$

式中：F_{jr}——水加热器的加热面积（m^2）；

Q_g——设计小时供热量（kJ/h）；

K——传热系数[kJ/（m^2·℃·h）]，可由所选水加热器厂家提供的样本查得；

ε——水垢和热媒分布不均匀影响传热效率的系数，采用0.6~0.8；

Δt_j——热媒与被加热水的计算温度差（℃），按《建水规》GB 50015—2019第6.5.8条的规定确定。

（2）《建水规》GB 50015—2019第6.5.8条规定，水加热器热媒与被加热水的计算温度差应按下列公式计算。

①导流型容积式水加热器、半容积式水加热器：

$$\Delta t_j=\frac{t_{mc}+t_{mz}}{2}-\frac{t_c+t_z}{2} \quad (19\text{-}2)$$

式中：t_{mc}、t_{mz}——热媒的初温和终温（℃）；

t_c、t_z——被加热水的初温和终温（℃）。

②快速式水加热器、半即热式水加热器：

$$\Delta t_j=\frac{\Delta t_{max}-\Delta t_{min}}{\ln\frac{\Delta t_{max}}{\Delta t_{min}}} \quad (19\text{-}3)$$

式中：Δt_{max}——热媒与被加热水在水加热器一端的最大温度差（℃）；

Δt_{min}——热媒与被加热水在水加热器另一端的最小温度差（℃）。

被加热水的初温即加热设备进水口处的水温，也就是生活热水系统的回水进入加热设备处的水温；被加热水的终温即加热设备出水口处的水温，也就是生活热水系统的供水流出加热设备处的水温。

被加热水的终温可按《建水规》GB 50015—2019 第 6.2.6 条确定。

生活热水系统的供水温度差：单体建筑可取 5~10 ℃，小区可取 6~12 ℃。两者均需要确定热媒的初温和终温。

热媒与被加热水在水加热器一端的最大温度差 $\Delta t_{max}=t_{mc}-t_z$ 或 $\Delta t_{max}= t_{mz}-t_c$；热媒与被加热水在水加热器另一端的最小温度差 $\Delta t_{min}= t_{mz}-t_c$ 或 $\Delta t_{min}= t_{mc}-t_z$。

（3）《建水规》GB 50015—2019 第 6.5.9 条规定，热媒的计算温度应符合下列规定。

①热媒为饱和蒸汽时的热媒初温、终温的计算。

热媒的初温 t_{mc}：当热媒为压力大于 70 kPa 的饱和蒸汽时，t_{mc} 应按饱和蒸汽温度计算；压力小于或等于 70 kPa 时，t_{mc} 应按 100 ℃计算。

热媒的终温 t_{mz}：应由经热工性能测定的产品提供，可按 t_{mz}=50 ~90 ℃。

②热媒为热水时，热媒的初温应按热媒供水的最低温度计算；热媒的终温应由经热工性能测定的产品提供。当热媒初温 t_{mc}=70 ~ 100 ℃时，可按终温 t_{mz}=50 ~80 ℃计算。

③热媒为热力管网的热水时，热媒的计算温度应按热力管网供回水的最低温度计算。

该条文规定了热媒的计算温度。

当热媒为饱和蒸汽，且蒸汽压力大于 70 kPa 时，蒸汽压力（相对压力）和蒸汽温度见表 19-1。

表 19-1　蒸汽压力(相对压力)>70 kPa 时的饱和蒸汽温度

蒸汽压力(kPa)	80	90	100	120	140	160	180	200
饱和蒸汽温度(℃)	116.33	118.01	119.62	122.65	125.46	128.08	130.55	132.88

20　水加热器热媒耗量的计算方法

热媒耗量是第一循环管网水力计算的依据。热媒耗量应根据热平衡关系依加热设备的设计小时供热量确定。一般来说,建筑热水系统最常采用的加热方式有蒸汽、高温热水、电加热三种。若采用燃油(气)机组加热,水专业可向暖通动力专业提交设计小时供热量数据,由暖通动力专业进行相关的计算、设计与设备选用。采用不同的加热方式时,热媒耗量应分别按下列方法确定。

(1)采用蒸汽直接加热时蒸汽耗量的计算公式如下。

$$G = K\frac{Q_g}{i'' - i_r} \tag{20-1}$$

式中:G——蒸汽耗量(kg/h);

Q_g——设计小时供热量(kJ/h);

K——热媒管道热损失附加系数,K=1.05~1.10,按系统的管线长度取值;

i''——饱和蒸汽的热焓(kJ/kg),按表 20-1 选用,表中蒸汽压力为相对压力;

i_r——蒸汽与冷水混合后的热水的热焓(kJ/kg),i_r=4.187t_r,t_r 是蒸汽与冷水混合后的热水的温度(℃)。

表 20-1　饱和蒸汽的热焓

蒸汽压力（MPa）	0.1	0.2	0.3	0.4	0.5	0.6	0.7	0.8
温度（℃）	120.2	133.5	143.6	151.9	158.8	165.0	169.6	174.5
热焓（kJ/kg）	2 706.9	2 725.5	2 738.5	2 748.5	2 756.4	2 762.9	2 766.8	2 771.8

（2）采用蒸汽间接加热时蒸汽耗量的计算公式如下。

$$G = K\frac{Q_g}{i'' - i'} \tag{20-2}$$

式中：i' ——凝结水的焓（kJ/kg），$i'=4.187t_{mz}$，t_{mz} 是热媒的终温，即凝结水出水的温度，应由经过热力性能测定的产品样本提供。[其余参数的含义同式（20-1）]

（3）采用高温热水间接加热时高温热水耗量的计算公式如下。

$$G = K\frac{Q_g}{c(t_{mc} - t_{mz})} \tag{20-3}$$

式中：G——热媒耗量（kg/h）；

Q_g——设计小时供热量（kJ/h）；

c——水的比热[kJ/（kg·℃）]，c=4.187 kJ/（kg·℃）；

t_{mc}——热媒的初温，即高温水供水温度（℃），应由经过热力性能测定的产品样本提供；

t_{mz}——热媒的终温，即热媒回水温度（℃），应由经过热力性能测定的产品样本提供；

K——热媒管道热损失附加系数。

当热媒为高温热水时，一般不采用高温热水与被加热水直接混合的直接加热方式来制备生活热水，因直接加热时会产生大量的蒸汽，且反应剧烈。故在建筑热水系统中，当热媒为高温热水时，采用间接加热方式的较多。

（4）采用电加热时耗电量的计算公式如下。

$$W=\frac{Q_g}{3\,600\eta} \tag{20-4}$$

式中：W——耗电量（kW）；

Q_g——设计小时供热量（kJ/h）；

η——加热器的热效率，η=95%~97%。

在国家提倡节能减排的大背景下，除个别电力供应充沛的地方将电能用于集中生活热水系统的热水制备外，电能一般用作分散集热、分散供热太阳能等热水供应系统的辅助能源。

参考文献

[1] 岳秀萍. 建筑给水排水工程[M]. 北京：中国建筑工业出版社，2011.

21　燃气热水器热负荷和燃气耗量的计算方法

燃气热水器是一种常用的局部加热设备。燃气热水器在使用过程中可能产生有害气体，故规范对其安装位置做出了相应的规定。

《建水规》GB 50015—2019 第 6.5.6 条规定，燃气热水器、电热水器必须带有保证使用安全的装置。严禁在浴室内安装直接排气式燃气热水器等在使用空间内积聚有害气体的加热设备。

另外，《建水规》GB 50015—2019 第 3.6.8 条第 2 款规定，（塑料给水管道）不得与水加热器或热水炉直接连接，应有不小于 0.4 m 的金属管段过渡。

燃气热水器热负荷和燃气耗量的计算如下。

（1）燃具热负荷按下式计算：

$$Q=\frac{KWc(t_2-t_1)}{3.6\eta\tau} \tag{21-1}$$

式中：W——被加热水的质量（kg）；

τ——被加热水升温所需的时间（h）；

t_2——水加热器的出水温度（℃）；

t_1——水加热器的进水温度（℃）；

c——水的比热[kJ/（kg·℃）]，c=4 187 J/（kg·℃）；

K——安全系数，取 1.28~1.40；

η——燃具热效率，容积式水加热器的 η 大于 75%，快速式水加热器的 η 大于 70%，开水器的 η 大于 75%；

Q——燃具热负荷（W）。

（2）燃气耗量按下式计算：

$$\phi=\frac{Q}{Q_d} \tag{21-2}$$

式中：ϕ——燃气耗量（m^3/h）；

Q_d——燃气的低热值（kJ/m^3），见表 21-1。

表 21-1 燃气的主要性能

种类			相对密度	热值（kJ/m^3）	
				高热值	低热值
人工燃气	煤制气	炼焦燃气	0.362 3	19 835.5	17 631.5
		直立炉气	0.427 5	18 059.0	164 148.0
		混合燃气	0.517 8	15 423.0	13 869.0
		发生炉燃气	0.899 2	6 008.0	5 748.7
		水燃气	0.541 8	11 460.0	10 391.0

续表

种类			相对密度	热值（kJ/m³）	
				高热值	低热值
人工燃气	油制气	催化制气	0.415 6	18 486.0	16 533.7
		热裂化制气	0.611 6	37 982.0	34 806.0
天然气	四川干气		0.575 0	40 434.0	36 470.0
	大庆石油伴生气		0.895 4	528 736.0	48 420.0
	天津石油伴生气		0.750 3	48 114.0	43 676.6
液化石油气	北京		1.954 5	123 773.0	115 150.0
	大庆		1.954 2	122 377.0	113 867.0

参考文献

[1] 中国建筑设计研究院.建筑给水排水设计手册（上册）[M].2版.北京：中国建筑工业出版社，2008.

22　电热水器电功率的计算方法

电热水器是一种常用的局部加热设备。电热水器在使用过程中可能发生人员触电等危险，故规范对其使用安装做出了相应的规定。

《建水规》GB 50015—2019第6.5.6条规定，燃气热水器、电热水器必须带有保证使用安全的装置。严禁在浴室内安装直接排气式燃气热水器等在使用空间内积聚有害气体的加热设备。

电热水器分为快速式电热水器和容积式电热水器。快速式电热水器体积小，占地小，出热水快，可以实现热水即开即用，但用电功率大，且无法长时间持续提供大量热水，故特别适合厨房、卫生间洗手盆等场所。容积式电热水器自带储热水箱,可以长时间持续供应热水,但加热时间较长,故适合喷头数量较少的住宅卫生间淋浴、厂区值班室淋浴等场所的淋浴用热水的制备。

两种电热水器的耗电量计算如下。

(1)快速式电热水器的耗电量按式(22-1)计算。

$$N = (1.10 \sim 1.20)\frac{3\,600q_{\mathrm{r}}(t_{\mathrm{r}} - t_{\mathrm{L}})c}{3\,617\eta} \tag{22-1}$$

式中:N——耗电量(kW);

1.10~1.20——热损失系数;

q_{r}——热水流量(L/s);

t_{L}、t_{r}——被加热水的初、终温度(℃);

c——水的比热[kJ/(kg·℃)],c=4.187 kJ/(kg·℃);

η——电热水器效率,一般为0.95~0.98;

3 617——热功当量[kJ/(kW·h)]。

(2)容积式电热水器耗电量的计算分为以下几种情况。

①只在使用前加热,在使用过程中不再加热,则耗电量按式(22-2)计算:

$$N = (1.10 \sim 1.20)\frac{V(t_{\mathrm{r}} - t_{\mathrm{L}})c}{3\,617\eta T} \tag{22-2}$$

式中:V——加热器容积(L);

T——加热时间(h)。

②除在使用前加热外,在使用过程中还继续加热,则耗电量按式(22-3)计算:

$$N = (1.10 \sim 1.20)\frac{(3\,600qT_{1} - V)(t_{\mathrm{r}} - t_{\mathrm{L}})c}{3\,617\eta N} \tag{22-3}$$

式中：T_1——热水使用时间（h）。

预热时间可按式（22-4）计算：

$$T_2 = (1.10 \sim 1.20)\frac{V(t_r - t_L)c}{3\,617\eta N} \tag{22-4}$$

式中：T_2——预热时间（h）。

参考文献

［1］中国建筑设计研究院.建筑给水排水设计手册（上册）[M].2版.北京：中国建筑工业出版社，2008.

23　热水系统膨胀管的设计与计算方法

膨胀管的作用是在高位冷水箱向水加热器供水的热水系统（开式系统）中将热水系统（包括热水管网和水加热设备）中的水加热膨胀量及时消除，保证系统的安全使用。为使从膨胀管中排出的热水不浪费，且不污染环境和给水，膨胀管应引至除生活饮用水箱以外的其他高位水箱（如中水水箱、消防专用水箱）的上空。图23-1示出了热水箱与冷水补给水箱的位置关系。

《建水规》GB 50015—2019第6.5.19条规定，在设有膨胀管的开式热水供应系统中，膨胀管的设置应符合下列规定。

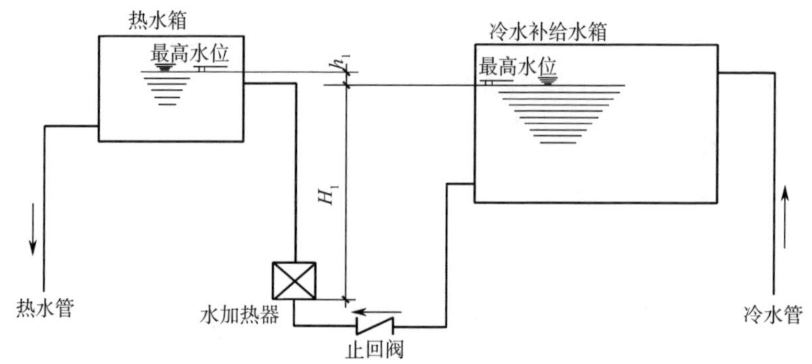

图 23-1 热水箱与冷水补给水箱的位置关系

①当热水系统由高位生活饮用冷水箱补水时，可将膨胀管引至同一建筑物的非生活饮用水箱的上空，其高度应按下式计算：

$$h_1 \geqslant H_1\left(\frac{\rho_1}{\rho_r}-1\right) \tag{23-1}$$

式中：h_1——膨胀管高出高位冷水箱最高水位的垂直高度（m）；

H_1——热水锅炉、水加热器底部至高位冷水箱水面的高度（m）；

ρ_1——冷水密度（kg/m^3）；

ρ_r——热水密度（kg/m^3）。

膨胀管出口高出非生活饮用水箱溢流水位的高度不应少于 100 mm。

②当膨胀管有结冻可能时，应采取保温措施。

③膨胀管的最小管径应按表 23-1 确定。

表 23-1 膨胀管的最小管径

热水锅炉或水加热器的加热面积（m^2）	<10	≥10 且<15	≥15 且<20	≥20
膨胀管最小管径（mm）	25	32	40	50

《建水规》GB 50015—2019 第 6.5.20 条规定，膨胀管上严禁装设

阀门。

24　热水系统循环流量的计算方法

当热水系统采用机械循环时，循环泵的流量是根据热水循环流量计算的。

1）全日集中热水供应系统

《建水规》GB 50015—2019 第 6.7.5 条规定，全日集中热水供应系统的热水循环流量应按下式计算：

$$q_x = \frac{Q_s}{c\rho_r \Delta t_s} \tag{24-1}$$

式中：q_x——全日集中热水供应系统的热水循环流量（L/h）；

Q_s——配水管道的热损失（kJ/h），经计算确定，单体建筑可取（2%~4%）Q_h，小区可取（3%~5%）Q_h；

Δt_s——配水管道的热水温度差（℃），按系统大小确定，单体建筑可取 5 ~10 ℃，小区可取 6 ~12 ℃。

热水循环流量一般应经计算确定。式（24-1）中 Q_s、Δt_s 的取值范围可供设计参考，并宜控制 q_x=（0.1~0.15）q_{rh}。q_{rh} 为设计小时热水量。

2）定时集中热水供应系统

《建水规》GB 50015—2019 第 6.7.6 条规定，定时集中热水供应系统的热水循环流量可按循环管网总水容积的 2~4 倍计算。循环管网总水容积包括配水管、回水管的总容积，不包括不循环管网、水加热器或贮热水设施的容积。

25 污水集水坑容积、污水泵流量和扬程的计算方法

一般来说，集水坑有效容积是水泵的启泵水位和停泵水位之间的高差与集水坑平面面积的乘积。

《建水规》GB 50015—2019 第 4.8.4 条第 1 款规定，集水池有效容积不宜小于最大一台污水泵 5 min 的出水量，且污水泵每小时启动次数不宜超过 6 次；成品污水提升装置的污水泵每小时启动次数应满足其产品技术要求。

由该条规定可知，要计算污水集水坑容积，首先应确定污水泵的参数。

（1）《建水规》GB 50015—2019 第 4.8.7 条规定，污水泵流量、扬程的选择应符合下列规定。

①室内的污水水泵的流量应按生活排水设计秒流量选定；当室内设有生活污水处理设施并按本标准第 4.10.20 条设置调节池时，污水水泵的流量可按生活排水最大小时流量选定。

②当地坪集水坑（池）接纳水箱（池）溢流水、泄空水时，应按水箱（池）溢流量、泄流量与排入集水池的其他排水量中大者选择水泵机组。

第 1 款中明确污水泵的流量“应按生活排水设计秒流量选定”。举例说明：若集水坑设于地下车库，收集的是车库地面的排水，则排水主要来自附近的汽车冲洗、车库地面冲洗等，这时应取该集水坑所收集的附近冲洗设施的冲洗流量（冲洗设施的冲洗流量=冲洗设施的给水设计秒流量=集水坑收集排水的排水设计秒流量）作为集水坑内潜污

泵的流量；若集水坑设于某公共厕所地面以下，收集的是该公共厕所排放的污水，这时应取公共厕所的排水设计秒流量作为集水坑内污水泵的流量。各种场合下的排水设计秒流量，可按《建水规》GB 50015—2019 第 4.5.2 条、第 4.5.3 条计算得到。

第 1 款中后半部分明确，“当室内设有生活污水处理设施并按本标准第 4.10.20 条设置调节池时，污水水泵的流量可按生活排水最大小时流量选定”。这是因为有污水调节池调节来水的水量，故此时污水水泵的流量没必要按照排水设计秒流量选定，仅需要按生活排水最大小时流量选定即可。

第 2 款的思路与上述说明的思路相同，不再赘述。

（2）经分析和计算得到集水坑内水泵的流量，即可根据《建水规》GB 50015—2019 第 4.8.4 条第 1 款的要求，计算集水坑内最大一台污水泵 5 min 的流量作为集水坑容积。不过这一数值是集水坑的最小容积，集水坑的实际大小还与其他因素有关。

《建水规》GB 50015—2019 第 4.8.4 条规定，生活排水集水池的设计应符合下列规定。

第 2 款规定：集水池除满足有效容积外，还应满足水泵设置，水位控制器、格栅等安装、检查的要求。

第 3 款规定：集水池设计最低水位，应满足水泵吸水的要求。

第 4 款规定：集水坑应设检修盖板。

第 5 款规定：集水池底宜有不小于 0.05 坡度坡向泵位；集水坑的深度及平面尺寸，应按水泵类型而定。

这就是说，集水坑的大小、深度需要结合所选水泵的尺寸、水泵台数、水泵吸水的要求、盖板尺寸等综合考虑，集水坑的空间大小以能满足水泵的安装要求为准。得到集水坑的平面尺寸和深度后，可以选定集水坑的启泵水位和停泵水位，并据此计算集水坑有效容积，此数值若大于最大一台污水泵 5 min 的流量，则满足规范的要求，集水坑的尺寸和启泵水位、停泵水位的选择是合适的，否则应重新确定集水坑的尺寸和启泵水位、停泵水位，直到满足规范的要求为止。

（3）根据《建水规》GB 50015—2019 第 4.8.7 条第 3 款，水泵扬程应按提升高度、管路系统水头损失，另附加 2 ~3 m 流出水头计算。

26 化粪池容积的计算与选用

《建水规》GB 50015—2019 第 4.10.15 条规定，化粪池有效容积应为污水部分和污泥部分容积之和，并宜按下列公式计算：

$$V=V_{w}+V_{n} \tag{26-1}$$

$$V_{w}=\frac{m_{f}b_{f}q_{w}t_{w}}{24\times 1\,000} \tag{26-2}$$

$$V_{n}=\frac{m_{f}b_{f}q_{n}t_{n}(1-b_{x})M_{s}\times 1.2}{(1-b_{n})\times 1\,000} \tag{26-3}$$

式中：V_{w}——化粪池污水部分容积（m^3）；

V_{n}——化粪池污泥部分容积（m^3）；

q_{w}——每人每日计算污水量［L/（人·d）］，按表 26-1 取用；

t_{w}——污水在池中停留时间（h），应根据污水量确定，宜采用 12~24 h；

q_{n}——每人每日计算污泥量［L/（人·d）］，按表 26-2 取用；

t_{n}——污泥清掏周期（d），应根据污水温度和当地气候条件确定，宜采用 3~12 个月；

b_x——新鲜污泥含水率，可按 95%计算；

b_n——发酵浓缩后的污泥含水率，可按 90%计算；

M_s——污泥发酵后的体积缩减系数，宜取 0.8；

1.2——清掏后遗留 20%的容积系数；

m_f——化粪池服务总人数(人)；

b_f——化粪池实际使用人数占服务总人数的百分数，可按表 26-3 确定。

表 26-1　化粪池每人每日计算污水量

分类	生活污水与生活废水合流排入	生活污水单独排入
每人每日污水量	(0.85~0.95)给水定额	15~20 L/(人·d)

表 26-2　化粪池每人每日计算污泥量

单位：L/(人·d)

建筑物分类	生活污水与生活废水合流排入	生活污水单独排入
有住宿的建筑物	0.7	0.4
人员逗留时间大于 4 h 并小于或等于 10 h 的建筑物	0.3	0.2
人员逗留时间小于或等于 4 h 的建筑物	0.1	0.07

表 26-3　化粪池实际使用人数占服务总人数的百分数

单位：%

建筑物名称	百分数
医院、疗养院、养老院、幼儿园(有住宿)	100

续表

建筑物名称	百分数
住宅、宿舍、旅馆	70
办公楼、教学楼、试验楼、工业企业生活间	40
职工食堂、餐饮业、影剧院、体育场(馆)、商场和其他场所(按座位)	5~10

《建水规》GB 50015—2019 第 4.10.16 条规定,小区内不同的建筑物或同一建筑物内有具有不同生活用水定额等设计参数的人员,其生活污水排入同一座化粪池时,应按式(26-1)~式(26-3)和表 26-3 分别计算不同人员的污水量和污泥量,以叠加后的总容积确定化粪池的总有效容积。

由于国家标准图集《钢筋混凝土化粪池》03S702 中已经按照不同建筑物、不同用水量标准、不同的清掏周期、粪便污水与生活废水合流或粪便污水单独排入化粪池等情况,列出了不同的化粪池服务总人数所对应的化粪池有效容积及对应的化粪池型号,设计人员可以直接按表查出。

但是值得注意的是,由于现行国家标准《建水规》和图集《钢筋混凝土化粪池》出版的年份差别较大,故两本资料对于化粪池污水部分容积和污泥部分容积的计算略有差别,主要体现在每人每日计算污水量 q_w 和每人每日计算污泥量 q_n 的选取不同上。读者在计算时可特别注意这两个参数在两本资料中的不同,其他参数的取值和公式均没有区别。

鉴于以上差别,设计人员在进行方案设计时,可以采取直接从图集中查表的方式对化粪池进行快速选型和确定化粪池尺寸;在施工图设计阶段，建议按照现行《建水规》GB 50015—2019的规定计算化粪池污水部分容积和污泥部分容积，进而可得到化粪池的总有效容积，然后根据图集或厂家样本选择化粪池型号并确定其尺寸。

27　建筑屋面雨水系统的计算方法

1)屋面雨水排水管道的设计流态

《建水规》GB 50015—2019第5.2.13条规定，屋面雨水排水管道系统设计流态应符合下列规定：

①檐沟外排水宜按重力流系统设计；

②高层建筑屋面雨水排水宜按重力流系统设计；

③长天沟外排水宜按满管压力流设计；

④工业厂房、库房、公共建筑的大型屋面雨水排水宜按满管压力流设计；

⑤在风沙大、粉尘大、降雨量小的地区不宜采用满管压力流排水系统。

从本条文的内容可以看出，《建水规》GB 50015—2019将建筑屋面雨水排水系统分为重力流和压力流两种流态。

《建水规》GB 50015—2019第5.2.16条规定，屋面排水系统应设置雨水斗。不同排水特征的屋面雨水排水系统应选用相应的雨水斗。

雨水斗是雨水排水系统中控制屋面排水流态的重要组件，不同排水流态、排水特征的屋面雨水排水系统应选用相应的雨水斗。重力流雨水管道应采用重力流雨水斗或87型雨水斗(采用87型雨水斗较多)。

压力流雨水排水系统的设计计算过程可参见其他书籍，本书仅归纳总结重力流雨水排水系统的设计计算过程。

2)屋面雨水排水系统的分类

(1)檐沟外排水:降落到屋面的雨水沿屋面集流到檐沟,然后流入隔一定距离沿外墙设置的水落管(立管)排至地面或雨水口。其结构如图 27-1 所示。

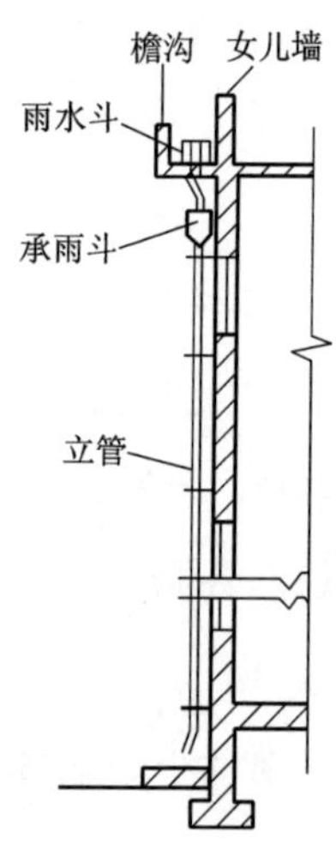

图 27-1 檐沟外排水系统示意

(2)天沟外排水:降落到屋面的雨水沿坡向天沟的屋面汇集到天沟,沿天沟流到建筑物两端(山墙、女儿墙),入雨水斗,经立管排至地面或雨水井。其结构如图 27-2 所示。

(3)内排水:降落到屋面的雨水沿屋面流到雨水斗,经连接管、悬吊管入排水立管,再经排出管流入雨水检查井,或经埋地干管排至室外雨水管道。

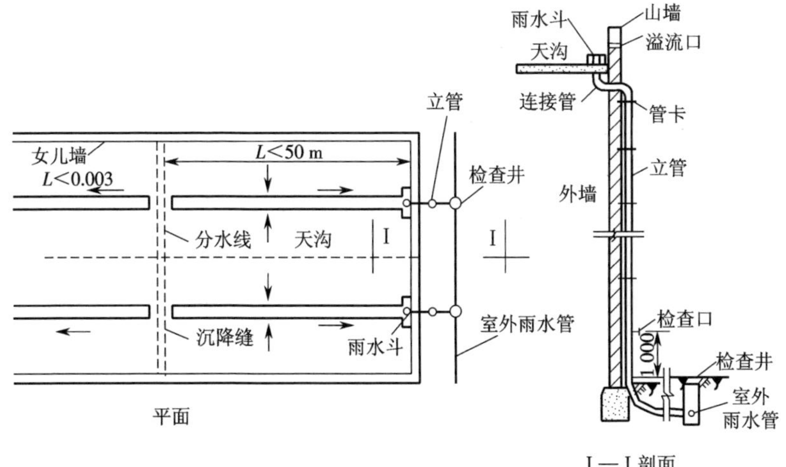

图 27-2　天沟外排水系统示意

3）重力流雨水斗的泄流量

无论是外排水还是内排水，均需要设置雨水斗。重力流雨水斗的最大排水流量和最大设计排水流量分别按《建筑屋面雨水排水系统技术规程》CJJ 142—2014 第 3.2.4 条、第 3.2.5 条确定。

根据《建筑屋面雨水排水系统技术规程》CJJ 142—2014 第 3.2.4 条，雨水斗的流量特性应通过标准试验取得，标准试验应按本规程附录 A 的规定进行，雨水斗最大排水流量宜符合表 27-1 的规定。

表 27-1　雨水斗最大排水流量

雨水斗规格（mm）		50	75	100	150
87 型雨水斗	流量（L/s）	—	21.8	39.1	72
	斗前水深（mm）≤	—	68	93	—
虹吸雨水斗	流量（L/s）	12.6	18.8	40.9	89
	斗前水深（mm）≤	47.6	59.0	70.5	—

根据《建筑屋面雨水排水系统技术规程》CJJ 142—2014 第 3.2.5 条，雨水斗的最大设计排水流量取值应小于雨水斗最大排水流量，雨水斗最大设计排水流量宜符合表 27-2 的规定。

表 27-2　雨水斗最大设计排水流量

单位：L/s

雨水斗规格（mm）		50	75	100	150
87 型雨水斗	半有压系统	—	8	12~16	26~36
虹吸雨水斗	压力流系统	6	12	25	70

4）设计雨水流量的计算

《建水规》GB 50015—2019 第 5.2.1 条规定，建筑屋面设计雨水流量应按下式计算：

$$q_{y}=\frac{q_{j}\psi F_{w}}{10\ 000} \tag{27-1}$$

式中：q_y——设计雨水流量（L/s），当坡度大于 2.5%的斜屋面或采用内檐沟集水时，设计雨水流量应乘以系数 1.5；

q_j——设计暴雨强度[L/(s·hm²)]；

ψ——径流系数；

F_w——汇水面积（m²）。

关于建筑屋面的径流系数 ψ，《建水规》GB 50015—2019 第 5.2.6 条规定，屋面的雨水径流系数可取 1.00，当采用屋面绿化时，应按绿化面积和相关规范选取径流系数。

关于建筑屋面的汇水面积 F_w，《建水规》GB 50015—2019 第 5.2.7 条规定，屋面的汇水面积应按屋面水平投影面积计算。高出裙房屋面的毗邻侧墙，应附加其最大受雨面正投影的1/2计算。窗井、贴近高层建筑外墙的地下汽车库出入口坡道应附加其高出部分侧墙面积的1/2。

设计雨水流量 q_r 的计算方法参见本书第34节“居住小区雨水管道流量和管径的计算方法”，不再赘述。但对式（34-2）中设计降雨历时 t 和设计重现期 P 的选取，需要特别说明一下。

跟居住小区的雨水汇水面积相比，屋面的雨水汇水面积较小，雨水径流时间较短，故《建水规》GB 50015—2019第5.2.3条规定，屋面雨水排水设计降雨历时应按5 min计算。注意此处的5 min是设计降雨历时 t，不是地面集水时间 t_1 和排水管内雨水流行时间 t_2。对各种屋面的设计重现期，《建水规》GB 50015—2019第5.2.4条规定，屋面雨水排水管道工程设计重现期应根据建筑物的重要程度、气象特征等因素确定，各种屋面雨水排水管道工程的设计重现期不宜小于表27-3中的规定值。

表27-3　各类建筑屋面雨水排水管道工程的设计重现期

单位：a

建筑物性质	设计重现期
一般性建筑物屋面	5
重要公共建筑屋面	≥10

注：工业厂房屋面雨水排水管道工程设计重现期应根据生产工艺、重要程度等因素确定。

5）溢流设施的计算

一些设有女儿墙的屋面等降雨时无法使雨水流至屋面以外，其共同的特点是，雨水降落到屋面后，因为设置了女儿墙，导致屋面大量存水，若设置的雨水管不能及时排除屋面的存水，不仅会导致屋面雨水的渗漏，更重要的是可能给房屋结构带来安全隐患，引发事故。故那些有可能大量存水的屋面需要设置溢流设施，保证在雨水管来不及排水时，将雨水直接溢流出屋面。溢流设施一般采用溢流口，可采取在女儿墙的适当高度上开洞口的方式设置溢流口。溢流设施的泄流量可按《建水规》GB 50015—2019 第 5.2.12 条并结合该标准附录 F 计算，也可按《建筑屋面雨水排水系统技术规程》CJJ 142—2014 第 4.3.1 条计算。

根据《建筑屋面雨水排水系统技术规程》CJJ 142—2014 第 4.3.1 条，溢流口的最大溢流设计流量可按下列公式计算：

$$Q_q = 385b\sqrt{2g}h^{\frac{3}{2}} \tag{27-2}$$

$$h = h_{max} - h_b \tag{27-3}$$

式中：Q_q——溢流口服务面积内的最大溢流水量（L/s）；

b——溢流口宽度（m）；

h——溢流口高度（m）；

g——重力加速度（m/s^2），取 9.81 m/s^2；

h_{max}——屋面最大设计积水高度（m）；

h_b——溢流口底部到屋面或雨水斗（平屋面时）的高差（m）。

根据《建筑屋面雨水排水系统技术规程》CJJ 142—2014 第 4.3.2 条，溢流口的宽度可按下式计算：

$$b = \frac{Q_q}{N} h_1^{\frac{3}{2}} \tag{27-4}$$

式中：h_1——溢流口处的堰上水头（m），宽顶堰宜取 0.03 m；

N——溢流口宽度计算系数，可取 1 420~1 680。

注意，溢流设施的溢流量不是建筑屋面设计雨水量。《建水规》GB 50015—2019 第 5.2.5 条规定，建筑的雨水排水管道工程与溢流设施的排水能力应根据建筑物的重要程度、屋面特征等按下列规定确定：

①一般建筑的总排水能力不应小于 10 a 重现期的雨水量；

②重要公共建筑、高层建筑的总排水能力不应小于 50 a 重现期的雨水量；

③当屋面无外檐天沟或无直接散水条件且采用溢流管道系统时，总排水能力不应小于 100 a 重现期的雨水量；

④满管压力流排水系统雨水排水管道工程的设计重现期宜采用 10 a；

⑤工业厂房屋面雨水排水管道工程与溢流设施的总排水能力设计重现期应根据生产工艺、重要程度等因素确定。

对某一建筑的屋面，具体计算溢流设施所承担的溢流量时，需先按照《建水规》GB 50015—2019 第 5.2.4 条和第 5.2.5 条规定的不同重现期代入设计雨水量计算公式，分别计算屋面雨水排水管道所承担的排水量和雨水排水管道与溢流设施所需承担的总排水量，后者与前者之差即为溢流设施所需承担的溢水量。

6）檐沟外排水的计算

檐沟外排水的计算比较简单，可按以下步骤进行。

（1）根据屋面坡度和建筑物立面的要求布置立管（雨落水管）。

（2）确定每根立管（雨落水管）的汇水面积。

（3）按《建水规》GB 50015—2019 第 5.2.1 条计算每根立管（雨落水管）收集的雨水量 q_y［本书式（27-1）］。

（4）檐沟外排水按重力流设计，单斗按《建筑屋面雨水排水系统技术规程》CJJ 142—2014 第 3.2.5 条中的表 3.2.5（本书表 27-2）选择雨水斗；立管（雨落水管）按其设计雨水量根据《建筑屋面雨水排水系统技术规程》CJJ 142—2014 第 7.2.5 条确定，立管的最大泄流量应根据排水立管的附壁膜流公式计算，过水断面应取立管断面的 1/4~1/3，重力流系统雨水立管的最大设计泄流量可按表 27-4 确定。

表 27-4 重力流系统雨水立管的最大设计泄流量

<table>
<tr><th colspan="2">铸铁管</th><th colspan="2">钢管</th><th colspan="2">塑料管</th></tr>
<tr><th>公称直径（mm）</th><th>最大泄流量（L/s）</th><th>公称外径 × 壁厚（mm × mm）</th><th>最大泄流量（L/s）</th><th>公称外径 × 壁厚（mm × mm）</th><th>最大泄流量（L/s）</th></tr>
<tr><td>75</td><td>4.30</td><td>108 × 4.0</td><td>9.40</td><td>75 × 2.3</td><td>4.50</td></tr>
<tr><td rowspan="2">100</td><td rowspan="2">9.50</td><td rowspan="2">133 × 4.0</td><td rowspan="2">17.10</td><td>90 × 3.2</td><td>7.40</td></tr>
<tr><td>110 × 3.2</td><td>12.80</td></tr>
<tr><td rowspan="2">125</td><td rowspan="2">17.00</td><td>159 × 4.5</td><td>27.80</td><td>125 × 3.2</td><td>18.30</td></tr>
<tr><td>158 × 6.0</td><td>30.80</td><td>125 × 3.7</td><td>18.00</td></tr>
<tr><td rowspan="2">150</td><td rowspan="2">27.80</td><td rowspan="2">219 × 6.0</td><td rowspan="2">65.50</td><td>160 × 4.0</td><td>35.50</td></tr>
<tr><td>160 × 4.7</td><td>34.70</td></tr>
<tr><td rowspan="2">200</td><td rowspan="2">60.00</td><td rowspan="2">245 × 6.0</td><td rowspan="2">89.80</td><td>200 × 4.9</td><td>54.60</td></tr>
<tr><td>200 × 5.9</td><td>62.80</td></tr>
<tr><td rowspan="2">250</td><td rowspan="2">108.00</td><td rowspan="2">273 × 7.0</td><td rowspan="2">119.10</td><td>250 × 6.2</td><td>117.00</td></tr>
<tr><td>250 × 7.3</td><td>114.10</td></tr>
<tr><td rowspan="2">300</td><td rowspan="2">176.00</td><td rowspan="2">325 × 7.0</td><td rowspan="2">194.00</td><td>315 × 7.7</td><td>217.00</td></tr>
<tr><td>315 × 9.2</td><td>211.00</td></tr>
</table>

7）天沟外排水的计算

《建水规》GB 50015—2019 第 5.2.13 条第 3 款规定，长天沟外排水宜按满管压力流计算，其计算过程可参见其他书籍。

8）内排水的计算

内排水系统详见图 27-3。

内排水系统也分为重力流和压力流两种流态，本书仅归纳总结重力流流态内排水系统的计算过程，可按以下步骤进行。

（1）根据建筑物内部墙、梁、柱的位置和屋面的构造、坡度确定分水线，将屋面面积划分为若干个（如屋面面积较小，也可采用 1 个管道系统）汇水面积。确定每个汇水面积中雨水斗的位置和数量 n（不少于 2 个）。绘制各雨水管系的水力计算草图。

（2）按《建水规》GB 50015—2019 第 5.2.1 条计算每根立管（雨落水管）收集的雨水量 q_y，并分配各雨水斗的设计泄流量（即 q_y/n）。

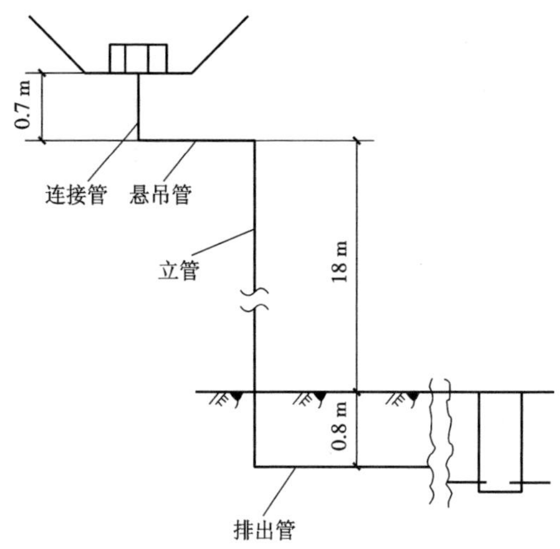

图 27-3　内排水系统示意

（3）内排水系统的雨水斗的最大设计排水流量按《建水规》GB 50015—2019 第 5.2.35 条第 3 款的规定确定。

根据《建水规》GB 50015—2019 第 5.2.35 条第 3 款，雨水斗的最大设计排水流量应根据单斗雨水管道系统设计流态确定，当单斗雨水管道系统流态按重力流设计时，其雨水斗的最大设计排水流量宜按表 27-5（标准附录 G 中的表 G）确定。

表 27-5 重力流系统屋面雨水排水立管的最大泄流量

铸铁管		塑料管		钢管	
公称直径（mm）	最大泄流量（L/s）	公称外径 × 壁厚（mm × mm）	最大泄流量（L/s）	公称外径 × 壁厚（mm × mm）	最大泄流量（L/s）
75	4.30	75 × 2.3	4.50	88.9 × 4.0	5.10
100	9.50	90 × 3.2	7.40	114.3 × 4.0	9.40
		110 × 3.2	12.80		
125	17.00	125 × 3.2	18.30	139.7 × 4.0	17.10
		125 × 3.7	18.00		
150	27.80	160 × 4.0	35.50	168.3 × 4.5	30.80
		160 × 4.7	34.70		
200	60.00	200 × 4.9	64.60	219.1 × 6.0	65.50
		200 × 5.9	62.80		
250	108.00	250 × 6.2	117.00	273.0 × 7.0	119.10
		250 × 7.3	114.10		
300	176.00	315 × 7.7	217.00	323.9 × 7.0	194.00
—	—	315 × 9.2	211.00	—	—

确定雨水斗的口径和连接管的管径，连接管的管径不用计算，与雨水斗的口径一致即可。

（4）对单斗系统，根据雨水斗和立管的布置情况，可设置悬吊管也可不设悬吊管。当设有悬吊管时只连接 1 个雨水斗，悬吊管的设计流量即单个雨水斗的设计泄流量，根据《建水规》GB 50015—2019 第 5.2.35 条第 1 款，单斗排水系统排水管道的管径应与雨水斗规格一致。

对多斗系统，悬吊管连接多个雨水斗，悬吊管的设计流量应为雨水斗的设计泄流量之和。悬吊管的管径不得小于雨水斗连接管的管径。

《建筑屋面雨水排水系统技术规程》CJJ 142—2014 第 7.2.1 条规定，悬吊管和横管的水力计算应按该规程第 5.2.2 条、第 5.2.3 条进行，其中水力坡度采用管道的敷设坡度。

《建筑屋面雨水排水系统技术规程》CJJ 142—2014 第 5.2.2 条规定，悬吊管的水力坡度可按下式计算：

$$I=\frac{h_2+\Delta h}{L} \tag{27-5}$$

式中：h_2——悬吊管末端的最大负压（mH_2O），取 0.5；

Δh——雨水斗和悬吊管末端的几何高差（m）；

L——悬吊管的长度（m）。

《建筑屋面雨水排水系统技术规程》CJJ 142—2014 第 5.2.3 条规定，雨水横干管及排出管的水力坡度可按下式计算：

$$I=\frac{\Delta H+1}{L} \tag{27-6}$$

式中：ΔH——当计算对象为排出管时，指室内地面与室外检查井处地面的高差；当计算对象为横干管时，指横干管的敷设坡度（m）。

《建筑屋面雨水排水系统技术规程》CJJ 142—2014 第 7.2.2 条规定，悬吊管和横管的充满度不宜大于 0.8，排出管可按满流计算。

《建筑屋面雨水排水系统技术规程》CJJ 142—2014 第 7.2.3 条规

定，悬吊管和其他横管的最小敷设坡度应符合下列规定：

①塑料管应为 0.005；

②金属管应为 0.01。

《建筑屋面雨水排水系统技术规程》CJJ 142—2014 第 7.2.4 条规定，悬吊管和横管的流速应大于 0.75 m/s。

（5）雨水排水立管应按《建水规》GB 50015—2019 附录 G（本书表 27-5）确定管径，且不应小于其最小管径和悬吊管的管径。

（6）埋地管可按满流（即 h/d=1）设计，管内流速不宜小于 0.75 m/s，坡度不宜小于《建水规》GB 50015—2019 第 5.2.38 条中规定的最小设计坡度。

《建水规》GB 50015—2019 第 5.2.38 条规定，建筑雨水管道的最小管径和横管的最小设计坡度宜按表 27-6 确定。

表 27-6 建筑雨水管道的最小管径和横管的最小设计坡度

管道类型	最小管径（mm）	横管最小设计坡度	
		铸铁管、钢管	塑料管
建筑外墙雨落水管	75（75）	—	—
雨水排水立管	100（110）	—	—
重力流排水悬吊管	100（110）	0.01	0.005 0
满管压力流屋面排水悬吊支管	50（50）	0.00	0.000 0
雨水排出管	100（110）	0.01	0.005 0

注：表中铸铁管管径为公称直径，括号内的数据为塑料管外径。

参考文献

[1] 岳秀萍. 建筑给水排水工程[M]. 北京:中国建筑工业出版社,2011.

28　中水原水量和中水用水量的计算方法

☞ 中水原水量的计算方法

中水系统的原水指可以被收集并处理为中水的污废水,中水系统的原水量即可以被收集并处理为中水的污废水量。

1)建筑物中水原水量

《建筑中水设计标准》GB 50336—2018 第 3.1.4 条规定,建筑物中水原水量应按下式计算:

$$Q_Y = \sum \beta Q_{pj} b \tag{28-1}$$

式中: Q_Y——中水原水量(m^3/d);

β——建筑物按给水量计算排水量的折减系数,一般取 0.85~0.95;

Q_{pj}——建筑物平均日生活给水量,按现行国家标准《民用建筑节水设计标准》GB 50555 中的节水用水定额计算确定(m^3/d);

b——建筑物分项给水百分率,应以实测资料为准,在无实测资料时,可按表 28-1 选取。

表 28-1 建筑物分项给水百分率

单位:%

项目	住宅	宾馆、饭店	办公楼、教学楼	公共浴室	职工及学生食堂	宿舍
冲厕	21.3~21	10~14	60~66	2~5	6.7~5	30
厨房	20~19	12.5~14	—	—	93.3~95	—
沐浴	29.3~32	50~40	—	98~95	—	40~42
盥洗	6.7~6.0	12.5~14	40~34	—	—	12.5~14
洗衣	22.7~22	15~18	—	—	—	17.5~14
总计	100	100	100	100	100	100

注:沐浴包括盆浴和淋浴。

中水原水量的计算是建筑中水设计中的一个关键问题。在建筑中水设计中,原水量应按照平均日水量计算。各类建筑物的平均日用水定额可在现行国家标准《民用建筑节水设计标准》GB 50555 中查得,也可在现行《建筑给水排水设计标准》GB 50015 中查得。

对式(28-1)中的 β 和 b,还需补充以下说明。

有关 β(建筑物按给水量计算排水量的折减系数)需要明确,建筑物的给水量与排水量是两个完全不同的概念。给水量可以由标准、文献资料或通过实测取得,但排水量的取得则较为困难,目前一般按给水量的 80%~90%折算,按用水项目自耗水量的多少取值。

有关 b(建筑物分项给水百分率)需要明确,表 28-1 系以国内实测资料为基础并参考国外资料编制而成,同时引用《民用建筑节水设计标准》GB 50555—2010 的相关内容,增加了宿舍类建筑的分项给水百分率。

另外,《建筑中水设计标准》GB 50336—2018 第 3.1.5 条规定,用作中水原水的水量宜为中水回用水量的 110%~115%。这是为了保证中水处理设备安全、稳定运转，并考虑处理过程中的自耗水因素，设计中水原水应有 10%~15%的安全系数。

2）建筑小区中水原水量

《建筑中水设计标准》GB 50336—2018 第 3.2.4 条有如下规定。

①小区建筑物分项排水原水量可按本标准公式（3.1.4）[本书式（28-1）]计算确定；

②小区综合排水量，应按现行国家标准《民用建筑节水设计标准》GB 50555 的规定计算小区平均日给水量，再乘以排水折减系数的方法计算确定，折减系数取值同本标准第 3.1.4 条。

☞ **中水用水量的计算方法**

《建筑中水设计标准》GB 50336—2018 第 5.5.3 条规定，建筑中水用水量应根据不同用途用水量累加确定，并应按下式计算：

$$Q_z=Q_C+Q_{js}+Q_{cx}+Q_j+Q_n+Q_x+Q_t \quad (28\text{-}2)$$

式中：Q_z——最高日中水用水量（m^3/d）；

Q_C——最高日冲厕中水用水量（m^3/d）；

Q_{js}——浇洒道路或绿化中水用水量（m^3/d）；

Q_{cx}——车辆冲洗中水用水量（m^3/d）；

Q_j——景观水体补充中水用水量（m^3/d）；

Q_n——供暖系统补充中水用水量（m^3/d）；

Q_x——循环冷却水补充中水用水量（m^3/d）；

Q_t——其他用途中水用水量（m^3/d）。

《建筑中水设计标准》GB 50336—2018 第 5.5.4 条规定，最高日冲厕中水用水量按照现行国家标准《建筑给水排水设计规范》GB 50015

中的最高日用水定额及本标准表 3.1.4（本书表 28-1）中规定的百分率计算确定。最高日冲厕中水用水量可按下式计算：

$$Q_C = \sum q_L FN/1\,000 \tag{28-3}$$

式中：Q_C——最高日冲厕中水用水量（m^3/d）；

q_L——给水用水定额[L/（人·d）]；

F——冲厕用水占生活用水的比例（%），按本标准表 3.1.4（本书表 28-1）取值；

N——使用人数（人）。

《建筑中水设计标准》GB 50336—2018 第 5.5.5 条规定，绿化、道路及广场浇洒、车库地面冲洗、车辆冲洗等各项最高日用水量应按现行国家标准《建筑给水排水设计规范》GB 50015 中的有关规定执行。

《建筑中水设计标准》GB 50336—2018 第 5.5.6 条规定，景观水体补水量可根据当地水面蒸发量和水体渗透量综合确定。

《建筑中水设计标准》GB 50336—2018 第 5.5.7 条规定，供暖、空调系统补充水及其他用途中水用水量，应结合实际情况，按国家或行业现行相关用水量标准确定。

29 泳池水循环流量与循环周期的计算方法

《游泳池给水排水工程技术规程》CJJ 122—2017 第 4.5.1 条规定，池水循环净化处理系统的循环水流量应按下式计算：

$$q_c = \frac{V\alpha_p}{T} \tag{29-1}$$

式中：q_c——水池的循环水流量（m^3/h）；

V——水池等的池水容积（m^3）；

α_p——水池等的管道和设备的水容积附加系数，一般取 1.05~1.10；

T——水池等的池水循环周期（h），按表 29-1 的规定选用。

《游泳池给水排水工程技术规程》CJJ 122—2017 第 4.4.1 条规定，池水循环净化周期，应根据水池类型、使用对象、游泳负荷、池水容积、消毒剂品种、池水净化设备的效率和设备运行时间等因素，按表 29-1 的规定采用。

表 29-1　海洋池池水循环深化周期

游泳池和水上游乐池分类		使用有效池水深度（m）	循环次数（次/d）	循环周期（h）
竞赛类	竞赛游泳池	2.0	8~6	3~4
		3.0	6~4.8	4~5
	水球、热身游泳池	1.8~2.0	8~6	3~4
	跳水池	5.5~6.0	4~3	6~8
	放松池	0.9~1.0	80~48	0.3~0.5
专用类	训练池、健身池、教学池	1.35~2.0	6~4.8	4~5
	潜水池	8.0~12.0	2.4~2	10~12
	残疾人池、社团池	1.35~2.0	6~4.8	4~5
	冷水池	1.8~2.0	6~4	4~6
	私人泳池	1.2~1.4	4~3	6~8
公共类	成人泳池（含休闲池、学校泳池）	1.35~2.0	8~6	3~4
	成人初学池、中小学校泳池	1.2~1.6	8~6	3~4
	儿童泳池	0.6~1.0	24~12	1~2
	多用途池、多功能池	2.0~3.0	8~6	3~4

续表

游泳池和水上游乐池分类			使用有效池水深度(m)	循环次数(次/d)	循环周期(h)
水上游乐类	成人戏水休闲池		1.0~1.2	6	4
	儿童戏水池		0.6~0.9	48~24	0.5~1
	幼儿戏水池		0.3~0.4	>48	<0.5
	造浪池	深水区	>2.0	6	4
		中深水区	2.0~1.0	8	3
		浅水区	1.0~0	24~12	1~2
	滑道跌落池		1.0	12~8	2~3
	环流河(漂流河)		0.9~1.0	12~6	2~4
文艺演出池			—	6	4

注:1. 池水的循环次数按游泳池和水上游乐池每日循环运行时间与循环周期的比值确定。

2. 多功能游泳池宜按最小使用水深确定池水循环周期。

30 居住小区最高日用水量的计算方法

居住小区最高日用水量应包括小区内所供应的全部用水量,其由以下几部分组成。

1)居民生活用水量(Q_1)

居民生活用水量指小区内各住宅楼的居民生活用水量。

小区的居民生活用水量应按小区人口和《建水规》GB 50015—2019 第 3.2.1 条规定的住宅最高日用水定额经计算确定,其计算方法在本书第 1 节“给水系统最高日用水量、平均时用水量和最大时用水量的计算方法”中已提及。

2)公共建筑用水量(Q_2)

居住小区内的公共建筑用水量应按公共建筑的使用性质、规模,并采用《建水规》GB 50015—2019 第 3.2.2 条规定的公共建筑最高日生活用水定额经计算确定，其计算方法同样在本书第 1 节“给水系统最高日用水量、平均时用水量和最大时用水量的计算方法”中已提及。

3）绿化用水量（Q_3）

绿化用水量由绿化面积和绿化浇灌用水定额经计算确定。

《建水规》GB 50015—2019 第 3.2.3 条规定，绿化浇灌用水定额应根据气候条件、植物种类、土壤理化性状、浇灌方式和管理制度等因素综合确定。当无相关资料时，小区绿化浇灌最高日用水定额可按浇灌面积 1.0 ~3.0 L/（m²·d）计算。干旱地区可酌情增加。

4）道路、广场地面浇洒用水量（Q_4）

道路、广场地面浇洒用水量由道路、广场地面的面积和浇洒用水定额经计算确定。

《建水规》GB 50015—2019 第 3.2.4 条规定，小区道路、广场的浇洒最高日用水定额可按浇洒面积 2.0 ~3.0 L/（m²·d）计算。

5）游泳池、水上游乐池和水景用水量（Q_5）

当小区内有游泳池、水上游乐池和水景时，其用水量也应计入小区用水量。

《建水规》GB 50015—2019 第 3.2.5 条规定，游泳池、水上游乐池和水景用水量计算可按本标准第 3.10.18 条、第 3.10.19 条、第 3.12.2 条的规定确定。游泳池的补水量计算可参见《游泳池给水排水工程技术规程》CJJ 122—2017 的相关规定。

《建水规》GB 50015—2019 第 3.12.2 条规定，水景用水宜循环使用。循环系统的补充水量应根据蒸发、飘失、渗漏、排污等损失确定，室内工程宜取循环水流量的1%~3%,室外工程宜取循环水流量的3%~5%。水景的补水量计算可参见《喷泉水景工程技术规程》CJJ/T 222—2015的相关规定。

6)空调循环冷却水用水量(Q_6)

《建水规》GB 50015—2019第3.2.6条规定,民用建筑空调循环冷却水系统的补充水量,应根据气候条件、冷却塔形式、浓缩倍数等因素确定,可按本标准第3.11.14条的规定确定。

《建水规》GB 50015—2019第3.11.14条规定,冷却塔补充水量可按下式计算:

$$q_{bc} = q_z \frac{N_n}{N_n - 1} \tag{30-1}$$

式中:q_{bc}——补充水量(m^3/h),建筑物空调、冷冻设备的补充水量应按冷却水循环水量的1%~2%确定;

q_z——冷却塔蒸发损失水量(m^3/h);

N_n——浓缩倍数,设计浓缩倍数不宜小于3.0。

7)汽车冲洗用水量(Q_7)

《建水规》GB 50015—2019第3.2.7条规定,汽车冲洗用水定额应根据冲洗方式、车辆用途、道路路面等级和沾污程度等确定,汽车冲洗最高日用水定额可按表30-1计算。

表30-1 汽车冲洗最高日用水定额

冲洗方式	高压水枪冲洗补水[L/(辆·次)]	循环用水冲洗补水[L/(辆·次)]	抹车、微水冲洗[L/(辆·次)]	蒸汽冲洗[L/(辆·次)]
轿车	40~60	20~30	10~15	3~5

续表

冲洗方式	高压水枪冲洗补水［L/(辆·次)］	循环用水冲洗补水［L/(辆·次)］	抹车、微水冲洗［L/(辆·次)］	蒸汽冲洗［L/(辆·次)］
公共汽车	80~120	40~60	15~30	—
载重汽车				

注：1. 汽车冲洗台自动冲洗设备用水定额有特殊要求时，其值应按产品要求确定。

2. 在水泥和沥青路面行驶的汽车，宜选用下限值；路面等级较低时，宜选用上限值。

8）公用设施用水量（Q_8）

《建水规》GB 50015—2019 第 3.2.10 条规定，居住小区内的公用设施用水量，应由该设施的管理部门提供用水量计算参数。

9）给水管网漏失水量和未预见水量（Q_9）

《建水规》GB 50015—2019 第 3.2.9 条规定，给水管网漏失水量和未预见水量应计算确定，当没有相关资料时漏失水量和未预见水量之和可按最高日用水量的 8%~12%计。

10）消防用水量（Q_{10}）

《建水规》GB 50015—2019 第 3.2.8 条规定，建筑物室内外消防用水的设计流量、供水水压、火灾延续时间、同一时间内的火灾起数等，应按国家现行消防规范的相关规定确定。

在以上各用水量中，消防用水量（Q_{10}）用于校核管网计算，不计入正常用水量。考虑了给水管网漏失水量和未预见水量（Q_9）后，居住小区最高日用水量按下式计算：

$$Q_d=(1.08\sim1.12)(Q_1+Q_2+Q_3+Q_4+Q_5+Q_6+Q_7+Q_8) \quad (30\text{-}2)$$

式中：Q_d——居住小区最高日用水量（L/d）。

参考文献

[1] 岳秀萍.建筑给水排水工程[M].北京:中国建筑工业出版社,2011.

31 居住小区生活给水管道流量和管径的计算方法

☞ 居住小区生活给水管道流量的计算方法

居住小区室外给水管网一般布置成枝状。与市政给水管网相比,居住小区室外给水管网规模小,管段少,在实际计算中,可逐段计算各个管段的流量和管径。

以图 31-1 中的枝状管网为例来说明管段流量、节点流量之间的关系。图 31-1 中的节点 1 为供水水源点,各管道交点(节点)处的箭头表示的流量就是该节点的节点流量。如节点 8,其节点流量为 q_8。若某节点以前的管段没有向外配水,也就是说该节点以前的管段没有向外供水,则该节点没有节点流量。如节点 2,其以前的管段 1—2 为从水源点向枝状管网输水的管段,所以该管段没有向外配水,故节点 2 处没有节点流量。

关于管段流量、节点流量之间的关系,需注意以下三点。

①任意相邻节点之间的管段流量等于该管段以后(顺水流方向)所有节点流量的总和。如管段 4—8 的流量 $q_{4-8}=q_8+q_9+q_{10}$。

②每个节点处均遵守节点流量平衡方程,$q_i+\Sigma q_{i-j}=0$。也就是流向任一节点的流量等于流离该节点的流量。需注意流离节点的流量为正,流向节点的流量为负。如节点 4,根据节点流量平衡方程,$q_4+q_{4-5}+q_{4-8}-q_{3-4}=0$,也就是 $q_{3-4}=q_4+q_{4-5}+q_{4-8}$。

③在管网末端的管段,其管段流量等于节点流量。如管段 4—5 的

管段流量 $q_{4-5}=q_5$。

居住小区室外给水管网一般布置成枝状，下面以图 31-2 为例，对节点流量和管段流量计算进行分析。

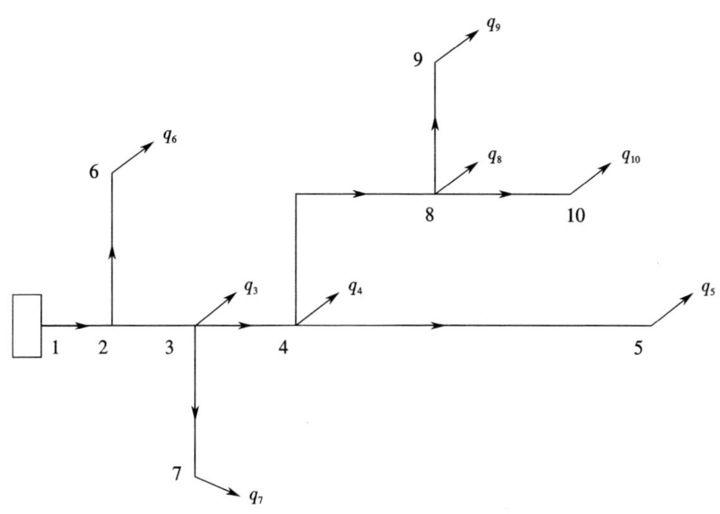

图 31-1　枝状给水管网流量计算简图

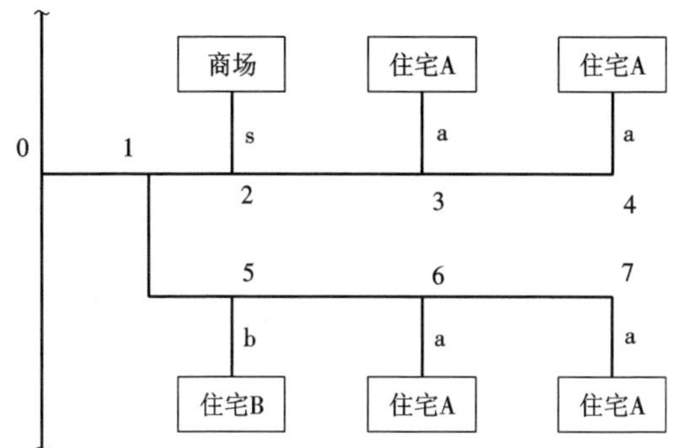

a—住宅 A 的引入管；b—住宅 B 的引入管；s—商场的引入管

图 31-2　居住小区室外给水管网流量计算简图

（1）《建水规》GB 50015—2019 第 3.7.4 条规定，建筑物的给水引入管的设计流量应符合下列规定。

①当建筑物内的生活用水全部由室外管网直接供水时，应取建筑物内的生活用水设计秒流量。

②当建筑物内的生活用水全部自行加压供给时，引入管的设计流量应为贮水调节池的设计补水量。设计补水量不宜大于建筑物最高日最大时用水量，且不得小于建筑物最高日平均时用水量。

③当建筑物内的生活用水既有室外管网直接供水，又有自行加压供水时，应按本条第①款、第②款的方法分别计算各自的设计流量后，将两者叠加作为引入管的设计流量。

本条文给出了不同建筑物给水引入管的设计流量的计算方法。

（2）《建水规》GB 50015—2019 第 3.13.4 条规定，居住小区的室外给水管道的设计流量应根据管段服务人数、用水定额及卫生器具设置标准等因素确定，并应符合下列规定。

①住宅应按本标准第 3.7.4 条、第 3.7.5 条计算管段流量。

②居住小区内配套的文体、餐饮娱乐、商铺、市场等设施应按本标准第 3.7.6 条、第 3.7.8 条的规定计算节点流量。

③居住小区内配套的文教、医疗保健、社区管理等设施用水，以及绿化和景观用水、道路及广场洒水、公共设施用水等，均以平均时用水量计算节点流量。

④设在居住小区范围内，不属于居住小区配套的公共建筑节点流量应另计。

由于住宅的设计秒流量并不随使用人数增加成比例增加，而是随着使用人数的增加，设计秒流量虽然也在增加，但增加的速度变小，故本条第①款规定如果一段管道所带建筑物均为住宅，则直接按照《建水规》GB 50015—2019 第 3.7.4 条、第 3.7.5 条计算管段流量。如图 31-2 中的管段 1—5，其管段流量的计算过程并不是分别计算两个住宅 A 和一个住宅 B 的引入管的设计流量，再将三个数值相加；而是将三个住宅看成一个整体，根据《建水规》GB 50015—2019 第 3.7.4 条、第 3.7.5 条计算管段 1—5 的管段流量。

本条第②款、第③款和第④款规定了将小区内各种公共建筑的供水流量作为管网的节点流量进行计算。如计算管段 1—2 的管段流量时，首先计算出管段 2—3 的管段流量，再计算出商场的供水流量作为节点流量，又由于管段 s 上没有其他配水，且为管网末端，故管段 s 的管段流量就是商场的节点流量。管段 2—3 的管段流量与管段 s 的管段流量（即商场的节点流量）之和即为管段 1—2 的管段流量。

《建水规》GB 50015—2019 第 3.13.7 条规定，小区的室外生活、消防合用给水管道设计流量，应按本标准第 3.13.4 条或第 3.13.5 条规定计算，再叠加区内火灾的最大消防设计流量，并应对管道进行水力计算校核，其结果应符合现行的国家标准《消防给水及消火栓系统技术规范》GB 50974 的规定。

小区的室外生活与消防合用给水管道，当小区内未设消防贮水池，消防用水直接从合用给水管道上抽取时，在最大用水时生活用水设计流量的基础上叠加最大消防设计流量进行复核。绿化、道路和广场浇洒用水可不计算在内，小区如有集中浴室，则淋浴用水量可按 15%计算。当小区设有消防贮水池，消防用水全部从消防贮水池中抽取时，叠加的最大消防设计流量应为消防贮水池的补给流量。当部分消防用水从室外给水管网抽取，部分消防用水从消防贮水池抽取时，叠加的最大消防设计流量应为从室外给水管网抽取的消防设计流量加上消防贮水池的补给流量。最终的水力计算复核结果应满足管网末梢的室外消火栓从地面算起的流出水头不低于 0.10 MPa。

《建水规》GB 50015—2019 第 3.13.8 条规定，设有室外消火栓的室外给水管道，管径不得小于 100 mm。

☞ 居住小区生活给水管道管径的计算方法

计算出各段管道的设计流量后，就可以计算各段管道的管径了。

由

$$q = Av = \frac{\pi D^2}{4} v \tag{31-1}$$

可得

$$D = \sqrt{\frac{4q}{\pi v}} \tag{31-2}$$

式中：D——管段直径（m）；

q——管段流量（m^3/s）；

A——水管断面面积（m^2）；

v——流速（m/s）。

由式（31-2）可知，管径不但和管段流量有关，而且和流速有关，如管段流量已知但是流速未定，管径还是无法确定，因此要确定管径必须先选定流速。但流速 v 的计算比较复杂，其与管道的管材、水力半径、水力坡度、管道粗糙系数等都有关系，所以具体计算过程烦琐。在实际设计过程中，确定了管道的管材后，一般直接查该管材的水力计算表，同时控制水头损失和流速的大小，使其处于合理的区间内，从而确定室外给水管道的管径。为了防止管网因水锤现象发生事故，最大设计流速不应超过 3 m/s。

同样由式（31-2）可以看出，流量已定时，管径和流速的平方根成反比。流量相同时，如果流速取得小些，管径相应增大，管网造价增加，可是管段中的水头损失却相应减小，因此水泵所需的扬程可以降低，经常的输水电费可以节约。相反，如果流速取得大些，虽然管径减小，管网造价有所下降，但因水头损失增大，经常的输水电费势必增加。因此，一般采用优化方法求得流速或管径的最优解，在数学上表现为求一定年限 t（称为投资偿还期）内管网造价和管理费用（主要是电费）之和最小的流速，称为经济流速，依此来确定管径。由于实际管网的复杂性，加之情况不断变化，例如流量不断增长，管网逐步扩展，许多经济指标如水管价格、电费等也随时变化，要从理论上计算管网造价和年管理费用相当复杂且有一定的难度。在条件不具备时，在设计中也可采用平均经济流速来确定管径。

一般大管径可取较大的平均经济流速，小管径可取较小的平均经济流速。表 31-1 给出了不同管径的平均经济流速。

表 31-1　不同管径的平均经济流速

管径（mm）	平均经济流速（m/s）
D=100~400	0.6~0.9
D≥400	0.9~1.4

表 31-2 为钢管水力计算表的一部分。例如在计算得到某管段的设计流量为 5.2 L/s 时，查表可知，当选取公称管径为 DN100 时，流速 v

为 0.60 m/s，水力坡度为 8.04；当选取公称管径为 *DN*125 时，流速 *v* 为 0.39 m/s，水力坡度为 2.82。若考虑工程经济性，选择 *DN*100 的钢管即可。若为了减小水力坡度，选择 *DN*125 的钢管即可，此时牺牲了一定的工程经济性。

表 31-2 钢管水力计算表（节选）

Q		*DN*（mm）											
		50		70		80		100		125		150	
（m^3/h）	（L/s）	*v*（m/s）	1 000*i*	*v*（m/s）	1 000*i*	*v*（m/s）	1 000*i*	*v*（m/s）	1 000*i*	*v*（m/s）	1 000*i*	*v*（m/s）	1 000*i*
14.04	3.9	1.84	169	1.11	44.6	0.79	18.9	0.45	4.77	0.294	1.69	0.207	0.723
14.40	4.0	1.88	177	1.13	46.8	0.81	19.8	0.46	5.01	0.30	1.76	0.21	0.754
14.76	4.1	1.93	186	1.16	49.0	0.83	20.7	0.47	5.22	0.31	1.84	0.217	0.785
15.12	4.2	1.98	196	1.19	51.2	0.85	21.7	0.48	5.46	0.32	1.92	0.22	0.824
15.48	4.3	2.02	205	1.22	53.5	0.87	22.6	0.50	5.71	0.324	2.01	0.23	0.857
15.84	4.4	2.07	215	1.25	56.0	0.89	23.6	0.51	5.94	0.33	2.09	0.233	0.890
16.20	4.5	2.12	224	1.28	58.6	0.91	24.6	0.52	6.20	0.34	2.18	0.24	0.924
16.56	4.6	2.17	235	1.30	61.2	0.93	25.7	0.53	6.44	0.35	2.27	0.244	0.966
16.92	4.7	2.21	245	1.33	63.9	0.95	26.7	0.54	6.71	0.354	2.35	0.25	1.00
17.28	4.8	2.26	255	1.36	66.7	0.97	27.8	0.55	6.95	0.36	2.45	0.254	1.04
17.64	4.9	2.31	266	1.39	69.5	0.99	28.9	0.57	7.24	0.37	2.53	0.26	1.08
18.00	5.0	2.35	277	1.42	72.3	1.01	30.0	0.58	7.49	0.38	2.63	0.265	1.12
18.36	5.1	2.40	288	1.45	75.2	1.03	31.1	0.59	7.77	0.384	2.72	0.27	1.15
18.72	5.2	2.45	300	1.47	78.2	1.05	32.2	0.60	8.04	0.39	2.82	0.276	1.20
19.08	5.3	2.50	311	1.50	81.3	1.07	33.4	0.61	8.34	0.40	2.91	0.28	1.24
19.44	5.4	2.54	323	1.53	84.4	1.09	34.6	0.62	8.64	0.41	3.02	0.286	1.28
19.80	5.5	2.59	335	1.56	87.5	1.11	35.8	0.63	8.92	0.414	3.11	0.29	1.32
20.16	5.6	2.64	348	1.59	90.7	1.13	37.0	0.65	9.23	0.42	3.22	0.297	1.37
20.52	5.7	2.68	360	1.62	94.0	1.15	38.3	0.66	9.52	0.43	3.32	0.30	1.41

续表

Q		DN(mm)											
		50		70		80		100		125		150	
(m³/h)	(L/s)	v(m/s)	1 000i	v(m/s)	1 000i	v(m/s)	1 000i	v(m/s)	1 000i	v(m/s)	1 000i	v(m/s)	1 000i
20.88	5.8	2.73	373	1.64	97.3	1.17	39.5	0.67	9.84	0.44	3.43	0.31	1.45

参考文献

[1] 岳秀萍. 建筑给水排水工程[M]. 北京:中国建筑工业出版社,2011.

[2] 严煦世,范瑾初. 给水工程[M]. 北京:中国建筑工业出版社,1999.

32　居住小区生活排水量的计算方法

《建水规》GB 50015—2019 第 4.10.5 条规定,小区室外生活排水管道系统的设计流量应按最大小时排水流量计算,并应按下列规定确定:

①生活排水最大小时排水流量应按住宅生活给水最大小时流量与公共建筑生活给水最大小时流量之和的 85%~95%确定;

②住宅和公共建筑的生活排水定额和小时变化系数应与相应的生活给水用水定额和小时变化系数相同,按本标准第 3.2.1 条和第 3.2.2 条确定。

居住小区生活排水最大小时流量是根据居住小区生活给水最大小时流量通过折减计算得到的。本条文明确规定在计算小区室外生活排水管道系统时按最大小时排水流量计算。小区生活排水系统的排水定额要比相应的生活给水系统的用水定额小,其原因是用水损耗,蒸发损失,水箱(池)因阀门失灵漏水,埋地管道渗漏等,但公共建筑中不排入生活排水管道系统的给水量不应计入。选择 95%、85%作为上、下限是考虑了建筑物的性质,选用的管材、配件、附件的质量,建筑给排水工程施工质量和物业管理水平等因素。

33 居住小区生活排水管道管径的计算方法

居住小区生活排水管道为重力流排水管道,其管径的计算与压力流排水管道略有不同。

(1)首先需要介绍一下设计充满度的概念。

在设计流量下,污水在管道中的水深 h 和管道内径 d 的比值称为设计充满度(或水深比),如图 33-1 所示。当 $h/d=1$ 时称为满流,当 $h/d<1$ 时称为不满流。我国的排水管道按照不满流进行设计。居住小区室外排水管道的最大设计充满度在规范中做出了相应的规定。

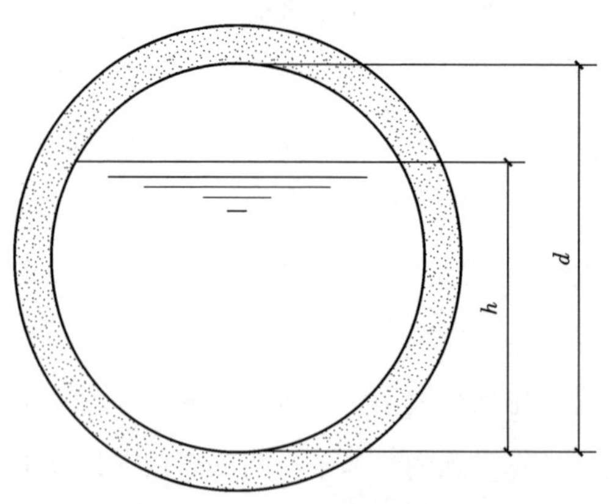

图 33-1 排水管道断面示意

《建水规》GB 50015—2019 第 4.10.7 条规定,小区室外埋地生活排水管道最小管径、最小设计坡度和最大设计充满度宜按表 33-1 确定。

生活污水单独排至化粪池的室外生活污水接户管道，当管径为 160 mm 时，最小设计坡度宜为 0.010~0.012；当管径为 200 mm 时，最小设计坡度宜为 0.010。

表 33-1　小区室外生活排水管道最小管径、最小设计坡度和最大设计充满度

管别	最小管径(mm)	最小设计坡度	最大设计充满度
接户管	160(150)	0.005	0.5
支管	160(150)	0.005	
干管	200(200)	0.004	
	≥315(300)	0.003	

注：接户管管径不得小于建筑物排出管管径。

(2)其次介绍一下排水管道水力计算的两个基本公式。

《建水规》GB 50015—2019 第 4.5.4 条规定，排水横管的水力计算应按下列公式进行：

$$q_p=Av \tag{33-1}$$

$$v=\frac{1}{n}R^{\frac{2}{3}}I^{\frac{1}{2}} \tag{33-2}$$

式中：A——管道在设计充满度下的过水断面面积(m^2)；

v——流速(m/s)；

R——水力半径(m)；

I——水力坡度，采用排水管的坡度；

n——管渠粗糙系数，塑料管取 0.009，铸铁管取 0.013，钢管取 0.012。

《室外排水设计标准》GB 50014—2021 第 5.2.1 条、第 5.2.2 条中也有相同的两个公式。这两个公式既可以用于计算室内排水管道，也可以用于计算室外排水管道，是排水管道水力计算的两个基本公式。

水力半径 R 是管道过水断面面积 A 与湿周 X 的比值，即 $R=A/X$。下图中的 B 为充满角，即管道内的水深所对应的圆心角，以角度表示。

水力半径 R 与充满度 h/d 和管道内径 d 的关系推导如下。

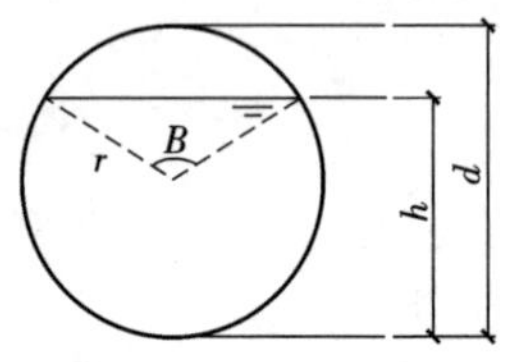

图 33-2　管道结构

充满度 h/d 与充满角 B 的关系为

$$\cos\frac{B}{2}=\frac{h-\frac{d}{2}}{\frac{d}{2}}=2\frac{h}{d}-1$$

故

$$B=2\cos^{-1}\left(2\frac{h}{d}-1\right) \tag{33-3}$$

图 33-2 中三角形的高= $h-\frac{d}{2}$ ，底边长= $2\sqrt{\left(\frac{d}{2}\right)^2-\left(h-\frac{d}{2}\right)^2}$ ，故三角形面积为

$$\begin{aligned}S&=\left(h-\frac{d}{2}\right)\times\sqrt{\left(\frac{d}{2}\right)^2-\left(h-\frac{d}{2}\right)^2}\\&=\left(h-\frac{d}{2}\right)\times\sqrt{dh-h^2}\end{aligned}$$

过水断面面积为

$$A=\frac{\pi d^2}{4}\times\frac{360-B}{360}+\left(h-\frac{d}{2}\right)\times\sqrt{dh-h^2}$$

湿周为

$$X=\pi d\times\frac{360-B}{360} \tag{33-4}$$

水力半径为

$$R=\frac{A}{X}=\frac{\frac{\pi d^2}{4}\times\frac{360-B}{360}+\left(h-\frac{d}{2}\right)\times\sqrt{dh-h^2}}{\pi d\times\frac{360-B}{360}}$$

$$=\frac{\frac{\pi d}{4}\times\frac{360-2\cos^{-1}\left(2\frac{h}{d}-1\right)}{360}+d\left(\frac{h}{d}-\frac{1}{2}\right)\times\sqrt{\frac{h}{d}-\left(\frac{h}{d}\right)^2}}{\pi\times\frac{360-2\cos^{-1}\left(2\frac{h}{d}-1\right)}{360}} \tag{33-5}$$

由式（33-5）可知，水力半径 R 仅与管道内径 d 和充满度 h/d 有关。

对式（33-1）~式（33-5），只有式（33-1）中的流量 q_p 可以经过计算得到，管渠粗糙系数 n 在《室外排水设计标准》GB 50014—2021 第 5.2.3 条中也有规定，而其他量如管道内径 d、设计充满度 h/d、水力坡度 I、流速 v 都是未知的，所以仅知道 q_p、n 是无法依靠式（33-1）~式（33-5）求出未知量的。在实际设计计算中，可假设已知某些未知量，通过查排水管道水力计算表求出剩余的未知量。虽然在假设已知某些未知量后，可以通过式（33-1）~式（33-5）来计算剩余的未知量，但为了简化计算，查水力计算表还是必要的。以下是在实际计算中通过查表来确定未知量的具体过程。

前文中已提到，在 6 个变量 q_p、n、d、h/d、I 和 v 中，只能确定 q_p 和 n 的大小。而在剩余的 4 个未知量中，设计充满度 h/d 在《建水规》GB 50015—2019 第 4.10.7 条中有规定，如表 33-1，其最大值为 0.5。故仅剩管道内径 d、水力坡度 I、流速 v3 个未知量。观察排水管道水力计算表,表中不涉及流速 v,也就是说在查表时用不到流速 v。实际上在确定了管道内径 d 和水力坡度 I,由式(33-2)、式(33-5)计算得到 v 后,与最小流速相比进行流速校核时才会用到流速 v,在后文中会提及。

现在未知量中仅剩 d 和 I。而这 2 个未知量在《建水规》GB 50015—2019 第 4.10.7 条的表 4.10.7(本书表 33-1)中已有规定。当管径 d=200 mm 时,最小坡度 I=0.004;当管径 d≥300 mm 时,最小坡度 I=0.003。

在进行污水管道水力计算时,污水设计流量为已知值,需要确定管道的断面尺寸和敷设坡度。为使水力计算获得较为满意的结果,所选择的管道断面尺寸必须能在规定的设计充满度和设计流速下排泄设计流量。管道坡度应参照地面坡度和最小坡度的规定确定。要使管道尽可能与地面平行敷设,这样可不增大埋深。同时管道坡度又不能小于最小设计坡度,以免管道内的流速达不到最小设计流速而发生淤积。当然也应避免因管道坡度太大而使流速大于最大设计流速,这样会导致管壁受冲刷。

在具体计算中,虽然已知 q_p、n,但仍必须先假定某些未知量再去求其他未知量,这样的数学计算极为复杂。为了简化计算,常采用水力计算图。这种将流量、管径、水力坡度、流速、设计充满度、管渠粗糙系数等各水力因素之间的关系绘制成的水力计算图使用起来较为方便。对每一张图而言,d 和 n 是已知数,图上的曲线表示 q_p、v、I、h/d 之间的关系。在这 4 个因素中,只要知道 2 个就可以查出其他 2 个。现举例说明这种图的用法。

已知某段排水管道的 n=0.014、q_p=32 L/s、d=300 mm，h/d=0.55，求 v 和 I。

采用 d=300 mm 的水力计算图。在图中找出 q_p=32 L/s 的竖线和 h/d=0.55 的斜线。两线的交点落在 I=0.003 8 的横线上，即 I=0.003 8；落在 v=0.8 m/s 与 v=0.85 m/s 两条斜线之间，估计 v=0.81 m/s。

最后讨论一下参数 v。排水管道比较容易堵塞，原因是管内的液体较浑浊，易沉积导致管径变小，过水能力降低。而流速大则液体不易沉积，故规范规定了排水管道的最小流速。

《室外排水设计标准》GB 50014—2021 第 5.2.7 条规定，排水管道的最小设计流速应符合下列规定：

①污水管道在设计充满度下为 0.6 m/s；

②雨水管道和合流管道在满流时为 0.75 m/s；

③明渠为 0.4 m/s；

④当设计流速不满足最小设计流速时，应增设防淤积或清淤措施。

最小流速是保证管道内不致发生淤积的流速。我国根据试验结果和运行经验确定排水管道最小流速为 0.6 m/s。

流速不是越大越好。流速过大，可能发生冲刷，损坏管道，《室外排水设计标准》GB 50014—2021 第 5.2.5 条规定，排水管道的最大设计流速宜符合下列规定：

①金属管道宜为 10.0 m/s。

②非金属管道宜为 5.0 m/s，经试验验证可适当提高。

在利用水力计算表得到流速后，可根据以上条文判断该流速是否在规范允许的范围之内。若不在规范允许的范围之内，则应继续调整其他变量，直至各变量均满足规范的要求为止。在上面的例子中，流速 v=0.81 m/s，满足规范的要求，计算结束。

（3）最后，对居住小区室外排水管道管径的计算，需要说明一点。小区生活排水管道的设计流量不论是小区接户管、小区支管还是小区干管，都根据小区生活给水最大小时流量通过折减计算得到。这种方法简单、方便，但忽视了小区排水与小区给水间的差别，特别是负担的设计人口数较少的接户管和支管起端，按该方法计算得到的结果很小，不能按排水设计流量来选择管径，故只能用限制最小管径的方法来解决。

参考文献

[1] 孙慧修. 排水工程（上册）[M]. 北京：中国建筑工业出版社，1999.

34　居住小区雨水管道流量和管径的计算方法

☞ 居住小区雨水管道流量的计算方法

《建水规》GB 50015—2019 第 5.2.1 条规定，建筑屋面设计雨水流量应按下式计算：

$$q_y = \frac{q_j \psi F_w}{10\,000} \tag{34-1}$$

式中：q_y——设计雨水流量（L/s），当坡度大于 2.5% 的斜屋面或采用内檐沟集水时，设计雨水流量应乘以系数 1.5；

q_j——设计暴雨强度[L/(s·hm²)]；

ψ——径流系数；

F_w——汇水面积（m²）。

需要说明的是，由《建水规》GB 50015—2019 第 5.3.15 条、第 5.3.10 条的规定可知，式(34-1)不仅适用于计算建筑屋面设计雨水流量，也适用于计算小区设计雨水流量，该流量可作为小区雨水管道的管段设计流量。

设计暴雨强度 q_j 是某一连续降雨时段内的平均降雨量，在工程上，常用单位时间内单位面积上的降雨体积表示。《建水规》GB 50015—2019 第 5.2.2 条规定，设计暴雨强度应按当地或相邻地区的暴雨强度公式计算确定。各地的暴雨强度计算公式可从相关书籍中查到。例如北京地区的暴雨强度计算公式为

$$q_j = \frac{2\,001(1+0.811\lg P)}{(t+8)^{0.711}} \tag{34-2}$$

式中：P——设计重现期(a)；

t——设计降雨历时(min)。

关于设计重现期 P，《建水规》GB 50015—2019 第 5.3.12 条规定，小区雨水管道的设计重现期应根据汇水区域性质、地形特点、气象特征等因素确定，各种汇水区域的设计重现期不宜短于表 34-1 中的规定值。

表 34-1　各种汇水区域的设计重现期

单位：a

汇水区域名称	设计重现期
小区	3~5
车站、码头、机场的基地	5~10
下沉式广场、地下车库坡道出入口	10~50

注：下沉式广场的设计重现期应根据广场的构造、重要程度、短期积水即能引起较严重的后果等因素确定。

关于设计降雨历时 t,《建水规》GB 50015—2019 第 5.3.11 条规定,小区雨水管道的设计降雨历时应按下式计算:

$$t=t_1+t_2 \tag{34-3}$$

式中: t——设计降雨历时(min);

t_1——地面集水时间(min),视距离、地形坡度和地面铺盖情况而定,可选用 5 ~10 min;

t_2——排水管内雨水流行时间(min)。

关于径流系数 ψ,《建水规》GB 50015—2019 第 5.3.13 条规定,地面的雨水径流系数可按表 34-2 采用。

表 34-2 地面的雨水径流系数

地面的种类	ψ
混凝土和沥青路面	0.90
块石路面	0.60
级配碎石路面	0.45
干砖和碎石路面	0.40
非铺砌地面	0.30
绿地	0.15

注:各种汇水面积的综合径流系数应加权平均计算。

关于汇水面积 F_w,《建水规》GB 50015—2019 第 5.3.14 条规定,地面的雨水汇水面积应按水平投影面积计算。

汇水面积的单位有时采用公顷(ha),其与国际单位制的换算关系如下:

$$1\ \text{ha}=10\ 000\ \text{m}^2 \tag{34-4}$$

以上公式中各个参数的单位在计算过程中统一为国际单位制较为方便。

雨水管道流量的计算是在极限强度理论的基础上进行的。极限强度理论的具体内容和分析过程可参考相关书籍。本书仅列出极限强度理论的两个重要结论,作为计算雨水管道流量的准备。

(1)当汇水面积上最远点的雨水流达集流点(雨水口)时,全面积产生汇流,雨水管道的设计流量最大;

(2)当降雨历时等于汇水面积上最远点的雨水流达集流点的集流时间时,雨水管道需要排除的雨水量最大。

下面举例说明居住小区雨水管道流量的计算方法,其中会用到极限强度理论的结论。

在图 34-1 中,A、B、C 为 3 块互相毗邻的区域,设面积 $F_A=F_B=F_C$,雨水从各块面积上的最远点流入设计断面 1、2、3 所需的集水时间均为 τ_1(min)。假设:①汇水面积随降雨历时的增加而均匀增大;②降雨历时 t 等于或大于汇水面积上最远点的雨水流达设计断面的集水时间 τ;③径流系数 ψ 为确定值,为方便讨论假定其等于 1。

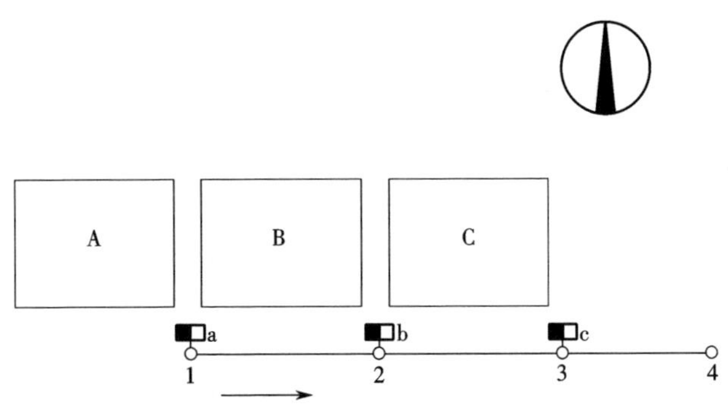

图 34-1　雨水管网流量计算简图

(1)管段1—2的设计雨水流量的计算如下。

该管段收集汇水面积 F_A 上的雨水,当开始降雨时,只有邻近雨水口a的雨水能流入雨水口进入断面1;降雨不停,就有越来越大的面积上的雨水逐渐流达断面1,管段1—2的流量逐渐增加,直到 $t=\tau_1$ 时, F_A 上的雨水均已流到断面1,这时管段1—2的流量达最大值。

若降雨继续下去,即 $t>\tau_1$,由于汇水面积已不能再增大,而暴雨强度随着降雨历时的增加而降低,则管段排出的流量会比 $t=\tau_1$ 时减少。因此,管段1—2的设计雨水流量为

$$Q_{1-2}=F_A q_1 \tag{34-5}$$

式中: q_1——管段1-2的设计暴雨强度,即相应于 $t=\tau_1$ 的暴雨强度[L/(s·ha)]。

(2)管段2—3的设计雨水流量计算如下。

当 $t=\tau_1$ 时,全部 F_B 和部分 F_A 上的雨水流达断面2,管段2—3的雨水流量不是最大。只有当 $t=\tau_1+t_{1-2}$ 时,全部 F_A 和 F_B 上的雨水流到断面2,管段2—3的流量达最大值。即

$$Q_{2-3}=(F_A+F_B)q_2 \tag{34-6}$$

式中: q_2——管段2—3的设计暴雨强度,即相应于 $t=\tau_1+t_{1-2}$ 的暴雨强度[L/(s·ha)];

t_{1-2}——管段1—2的管内雨水流行时间(min)。

(3)管段3—4的设计雨水流量计算如下。

同理得到

$$Q_{3-4}=(F_A+F_B+F_C)q_3 \tag{34-7}$$

式中: q_3——管段3—4的设计暴雨强度,即相应于 $t=\tau_1+t_{1-2}+t_{2-3}$ 的暴

雨强度[L/(s·ha)]。

由上可知,各管段的设计雨水流量等于该管段承担的全部汇水面积和设计暴雨强度的乘积。各管段的设计暴雨强度是相应于该管段设计断面的集水时间的暴雨强度。由于各管段的集水时间不同,所以各管段的设计暴雨强度亦不同。

☞ 居住小区雨水管道管径的计算方法

在计算得到各段雨水管道的流量后,即可根据流量,同时控制流速和坡度,通过查满管流的排水管道水力计算表得到管径。具体的计算方法与居住小区生活排水管道管径的计算方法类似,不再赘述。但在计算过程中,规范规定的以下内容也会用到。

(1)《建水规》GB 50015—2019 第 5.3.16 条规定,小区雨水管道宜按满管重力流设计,管内流速不宜小于 0.75 m/s。

本条文规定了小区雨水管道按满管重力流设计,这是与排水管道的不同点之一。另外也规定了雨水管道内的最低流速。

(2)《建水规》GB 50015—2019 第 5.3.17 条规定,小区雨水管道的最小管径和横管的最小设计坡度应按表 34-3 确定。

表 34-3　小区雨水管道的最小管径和横管的最小设计坡度

管别	最小管径(mm)	横管的最小设计坡度
小区建筑物周围的雨水接户管	200(200)	0.003 0
小区道路下的干管、支管	315(300)	0.001 5
建筑物周围明沟雨水口的连接管	160(150)	0.010 0

注:表中括号内的数值是埋地塑料管内径系列管径。

本条文规定了小区雨水管道的最小管径和横管的最小设计坡度。

之所以规定最小管径，理由与排水管道规定最小管径一致。

参考文献

[1] 孙慧修. 排水工程（上册）[M]. 北京：中国建筑工业出版社，1999.

35 居住小区地下管线间最小净距的确定

在进行居住小区的室外管网设计时，各专业管道之间需要保持一定的管道净距。《建水规》GB 50015—2019 附录 E 对小区地下管线（构筑物）间最小净距做了规定，如表 35-1 所示。

表 35-1 小区地下管线（构筑物）间最小净距

单位：m

种类	种类					
	给水管		污水管		雨水管	
	水平	竖直	水平	竖直	水平	竖直
给水管	0.5~1.0	0.10~0.15	0.8~1.5	0.10~0.15	0.8~1.5	0.10~0.15
污水管	0.8~1.5	0.10~0.15	0.8~1.5	0.10~0.15	0.8~1.5	0.10~0.15
雨水管	0.8~1.5	0.10~0.15	0.8~1.5	0.10~0.15	0.8~1.5	0.10~0.15
低压煤气管	0.5~1.0	0.10~0.15	1.0	0.10~0.15	1.0	0.10~0.15
直埋式热力管	1.0	0.10~0.15	1.0	0.10~0.15	1.0	0.10~0.15
热水管沟	0.5~1.0	—	1.0	—	1.0	—
乔木中心	1.0	—	1.5	—	1.5	—
电力电缆	1.0	直埋 0.50 穿管 0.25	1.0	直埋 0.50 穿管 0.25	1.0	直埋 0.50 穿管 0.25
通信电缆	1.0	直埋 0.50 穿管 0.15	1.0	直埋 0.50 穿管 0.15	1.0	直埋 0.50 穿管 0.15
通信、照明电缆	0.5	—	1.0	—	1.0	—

注:1. 净距指管道外壁距离,管道交叉设套管时指套管外壁距离,直埋式热力管指保温管壳外壁距离。

2. 电力电缆在道路的东侧(南北方向的路)或南侧(东西方向的路),通讯电缆在道路的西侧或北侧,均应在人行道下。

为了在设计过程中方便使用,并便于记忆,可将表 35-1 中的数据做如下总结。

(1)给水管、污水管、雨水管之间的水平净距,除给水管与给水管之间为 0.5~1.0 m 外,其余均为 0.8~1.5 m;上述三种管道的竖直净距均为 0.10~0.15 m。

(2)给水管、污水管、雨水管与其他任何种类的管道(除通信、照明电缆外)的水平净距均为 1.0 m。

(3)给水管与乔木中心的水平净距为 1.0 m,污水管、雨水管与乔木中心的水平净距为 1.5 m。

第二部分

设计问题篇

36　关于减压阀设置的两个问题

☞ 问题 1　选择减压阀时如何避开气蚀区

《建水规》GB 50015—2019 第 3.5.10 条第 1 款规定，减压阀的减压比不宜大于 3∶1，并应避开气蚀区；第 2 款规定，当减压阀的气蚀校核不合格时，可采用串联减压方式或采用双极减压阀等减压方式。

图 36-1 为减压阀的气蚀曲线。选用减压阀时必须选取气蚀区以外的部分，否则应做技术处理。例如，选用一个生活用减压阀，进口压力为 1.0 MPa，需出口压力为 0.2 MPa，查图 36-1 发现位于气蚀区，故需串联减压，先由 1.0 MPa 减压至 0.5 MPa，再由 0.5 MPa 减压至 0.2 MPa，才能避免减压阀发生气蚀现象。

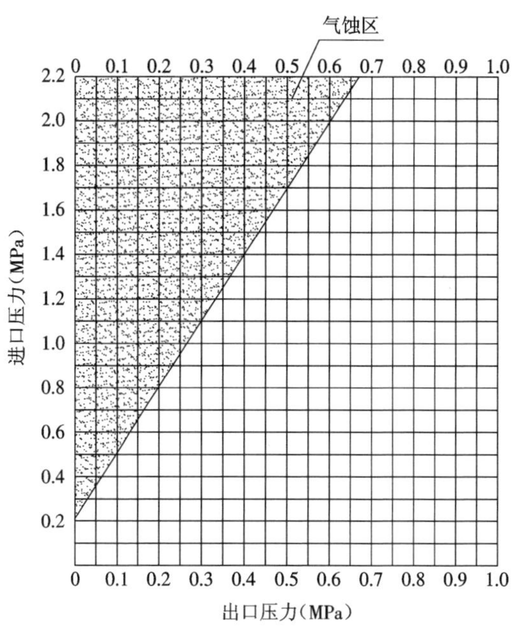

图 36-1　减压阀的气蚀曲线

☞ 问题 2 减压阀阀后动压的计算

静压是静止不动时阀门前后的总压力值，动压是水流动时阀门前后的总压力值，减压阀的水头损失为减压阀阀后静压与阀后动压之差，该数值由厂家提供。减压阀样本中所示的阀前、阀后压力一般为静压。减压阀启动后，其阀后动压应按式（36-1）计算：

$$p'_2=p_2-\Delta p \tag{36-1}$$

式中：p'_2——阀后出口的动压力（MPa）；

p_2——阀后出口的静压力（MPa）；

Δp——水流通过减压阀的水头损失（MPa），由厂家提供。

比例式减压阀可按式（36-2）计算：

$$p'_2=\beta p_2=(\beta/\alpha)p_1 \tag{36-2}$$

式中：p_1——阀前进口压力（MPa）；

β——阀体动压损失系数，由厂家提供；

α——减压比。

当采用二级串联时，第二级减压阀前的进口压力应按式（36-3）计算：

$$p_3=p'_2+0.01H_1-0.001H_2 \tag{36-3}$$

式中：p_3——第二级减压阀前的进口压力（MPa）；

H_1——两个减压阀的高差（m）；

H_2——两个减压阀间管段的水头损失（kPa）。

第二级减压阀后的动压力按式（36-1）和式（36-2）计算。

参考文献

[1] 中国建筑标准设计研究院. 常用小型仪表及特种阀门选用安装：

01SS105[S]. 北京:中国计划出版社,2001.

[2] 中国建筑设计研究院. 建筑给水排水设计手册(第二版)[M]. 北京:中国建筑工业出版社,2008.

37　当从市政给水管网接出管道至小区或厂区时需注意的问题

当从市政给水管网接出管道至小区或厂区时,需注意一些规范中对这个问题的相关规定。笔者将常用规范中对该问题所规定的条文总结如下。

(1)《建水规》GB 50015—2019 第 3.1.2 条规定,自备水源的供水管道严禁与城镇给水管道直接连接;第 3.1.3 条规定,中水、回用雨水等非生活饮用水管道严禁与生活饮用水管道连接。

要注意这两条中规定的情形,第 3.1.3 条的条文说明已经明确说明,即使加倒流防止器也不允许两种管道相接。《室外给水设计标准》GB 50013—2018 第 7.1.7 条对此种情况也有相似的规定,城镇公共供水管网严禁与非生活饮用水管网连接,严禁擅自与自建供水设施连接。

(2)《建水规》GB 50015—2019 第 3.3.7 条规定,从生活饮用水管道上直接供下列用水管道时,应在用水管道的下列部位设置倒流防止器:

①从城镇给水管网的不同管段接出两路及两路以上至小区或建筑物,且与城镇给水管形成连通管网的引入管上;

②从城镇生活给水管网直接抽水的生活供水加压设备的进水管上;

③利用城镇给水管网直接连接且小区引入管无防回流设施,向气

压水罐、热水锅炉、热水机组、水加热器等有压容器或密闭容器注水的进水管上。

需注意住户内的热水机组不受第③款的限制。

(3)《建水规》GB 50015—2019 第 3.13.23 条第 1 款规定，小区给水管道从城镇给水管道的引入管段上应设置阀门。

《建水规》GB 50015—2019 第 3.5.6 条第 1 款规定，直接从城镇给水管网接入小区或建筑物的引入管上应设置止回阀。

《民用建筑节水设计标准》GB 50555—2010 第 6.1.9 条第 3 款规定，住宅小区和单体建筑的引入管上应设计量水表。《城镇给水排水技术规范》GB 50788—2012 第 3.1.8 条规定，供水、用水必须计量。本条的条文说明指出，出厂水和输配水管网供给的各类用水用户都必须安装计量仪表，推进节约用水。《建水规》GB 50015—2019 第 3.5.16 条第 1 款规定，建筑物的引入管、住宅的入户管应设置水表；第 2 款规定，公用建筑物内按用途和管理要求需计量水量的水管应设置水表。

这几条说明从市政给水管网接出管道至小区、单体建筑物或厂区时需要设阀门、止回阀和水表（设置水表等计量装置在《城镇给水排水技术规范》GB 50788—2012 中还是以强制性条文的形式出现的）。但需注意，《建水规》GB 50015—2019 第 3.5.6 条规定，在已经设置倒流防止器的情况下，不需要重复设置止回阀。

参考文献

[1]《房屋建筑与市政工程勘察设计及审查常见问题分析与对策》编委会. 房屋建筑与市政工程勘察设计及审查常见问题分析与对策[M]. 北京：中国建筑工业出版社，2018.

38　卫生器具用水点和住宅入户管处的压力要求

不同规范对卫生器具用水点和住宅入户管处的压力要求做了若干规定，归纳总结如下。

1)《建水规》GB 50015—2019

(1)《建水规》GB 50015—2019 第 3.2.12 条的表中规定了各种卫生器具的工作压力(动压)。本条的条文说明中明确这是与各卫生器具的额定流量对应的工作压力，不是卫生器具的最小工作压力。

(2)《建水规》GB 50015—2019 第 3.4.2 条规定，卫生器具给水配件承受的最大工作压力不得大于 0.60 MPa。本条规定了各用水点的最大工作压力(动压)。

(3)《建水规》GB 50015—2019 第 3.4.3 条规定，当生活给水系统分区供水时，各分区的静水压力不宜大于 0.45 MPa；当设有集中热水系统时，各分区的静水压力不宜大于 0.55 MPa。本条规定了各分区最低用水点的静压，这也是给水系统竖向分区的依据。

(4)《建水规》GB 50015—2019 第 3.4.4 条规定，生活给水系统用水点处供水压力不宜大于 0.20 MPa，并应满足卫生器具工作压力的要求。由表 3.2.12 也可以看出各卫生器具的工作压力均小于或等于 0.20 MPa。

(5)《建水规》GB 50015—2019 第 3.4.5 条规定，住宅入户管供水压力不应大于 0.35 MPa，非住宅类居住建筑入户管供水压力不宜大于 0.35 MPa。本条是对各种建筑入户管或配水横管的动压达到 0.35 MPa (注意是动压)时所提的要求，也是入户管或配水横管上是否设置减压阀的依据。

2)《民用建筑节水设计标准》GB 50555—2010

《民用建筑节水设计标准》GB 50555—2010 第 4.1.3 条规定,市政管网供水压力不能满足供水要求的多层、高层建筑的给水、中水、热水系统应竖向分区,各分区最低卫生器具配水点处的静水压力不宜大于 0.45 MPa,且分区内低层部分应设减压设施保证各用水点处供水压力不大于 0.20 MPa。

本条前半部分的规定与《建水规》GB 50015—2019 第 3.4.3 条的规定类似,但后半部分提出各用水点处供水压力不大于 0.20 MPa,与《建水规》GB 50015—2019 第 3.4.4 条的规定类似,主要目的是节水。

3)《住宅设计规范》GB 50096—2011

(1)《住宅设计规范》GB 50096—2011 第 8.2.2 条规定,入户管供水压力不应大于 0.35 MPa。本条的规定与《建水规》GB 50015—2019 第 3.4.5 条的规定相同,但本条文是强制性条文,而《建水规》GB 50015—2019 中的条文是普通条文。

(2)《住宅设计规范》GB 50096—2011 第 8.2.3 条规定,套内用水点供水压力不宜大于 0.20 MPa,且不应小于用水器具要求的最低压力。本条的规定与《民用建筑节水设计标准》GB 50555—2010 的规定近似。

4)《住宅建筑规范》GB 50368—2005

《住宅建筑规范》GB 50368—2005 第 8.2.4 条规定,套内分户用水点的给水压力不应小于 0.05 MPa,入户管的给水压力不应大于 0.35 MPa。本条后半部分的规定与《住宅设计规范》GB 50096—2011

的规定一致。

为方便比对和应用,将以上各规范的条文总结为表 38-1。

表 38-1　卫生器具用水点和住宅入户管压力规范总结

规范	入户管压力	用水点压力
《建筑给水排水设计标准》GB 50015—2019	不大于 0.35 MPa（非强条）	不大于 0.60 MPa（非强条）
《民用建筑节水设计标准》GB 50555—2010	未规定	不大于 0.20 MPa（非强条）
《住宅设计规范》GB 50096—2011	不大于 0.35 MPa（强条）	不大于 0.20 MPa（非强条）
《住宅建筑规范》GB 50368—2005	不大于 0.35 MPa（强条）	不小于 0.05 MPa（强条）

根据以上分析,对住宅建筑,笔者认为各楼层入户管道的压力(表后压力)以 0.15~0.20 MPa 为宜。若超出此范围,可设减压阀,建议阀后压力在 0.15~0.20 MPa。

39　关于各种地漏的构造和使用条件的问题

☞ 常见地漏的种类

(1)直通式地漏:仅用于地面和洗衣机排水,其构造特点是地漏本体不带水封,安装时需要在从地漏下面接出的排水管上设 S 弯或 P 弯水封装置。

(2)带水封地漏:是相对于直通式地漏来说的,与直通式地漏相比,其构造特点是地漏本体自带水封,是使用最普遍、最常见的地漏。

(3)直埋式地漏:带水封地漏的一种特殊类型,其构造特点是地漏本体自带水封，但排水管横向接出，特别适用于排水管及地漏需要预埋在垫层或楼板里的场所。这种地漏所需要的安装高度很小，从地漏本体的顶面到排水管下皮的总高度一般为 90~200 mm，所以可以预埋在楼板或垫层内。

（4）密闭地漏：地漏上方有密闭盖板，通过螺纹连接将密闭盖板旋转拧紧在地漏本体上，使地漏密闭，需要排水时旋转打开地漏上的密闭盖板即可。此种地漏适用于医院手术室、洁净的厂房、制药等行业，密封性能≥0.04 MPa 水压。

密闭地漏分为本体自带水封的密闭地漏和本体不带水封的密闭地漏两种。

（5）多通道地漏：除具有普通地漏的功能外，还可以连接 1~2 个排水器具。选用时应注意产品的排水能力是否符合设计要求。

（6）防溢地漏：与普通地漏相比，自带一个防溢体，可以防止排水返溢出地漏。其适用于有可能冒溢的场所，防溢性能满足在 0.04 MPa 的水压下 30 min 不返溢。

（7）带网框地漏：地漏内含有一个可以起到简单过滤作用的网框，适用于公共厨房、浴室等排水含有大量杂质的场所。由于网框安装在地漏内，占用了原本设置存水弯的空间，所以带网框地漏的排水管上一般需要设 S 弯或 P 弯存水弯。

（8）侧墙式地漏：适用于排水管不允许穿越楼板至下一层的场所。

值得注意的是，以上各种地漏有时并不仅具有单一功能，而是具有两种或两种以上功能。比如，直埋式地漏有无水封和有水封之分，防溢地漏有直埋式和非直埋式之分，等等。

☞ 有关地漏设置的规范条文

规范对地漏的设置做了若干规定，归纳总结如下。

（1）根据《建水规》GB 50015—2019 第 4.3.4 条，地漏的构造和性能应符合现行行业标准《地漏》CJ/T 186 的规定。

（2）根据《建水规》GB 50015—2019 第 4.3.5 条，地漏应设置在有设备和地面排水的下列场所：

①卫生间、盥洗室、淋浴间、开水间；

②洗衣机、直饮水设备、开水器等设备附近；

③食堂、餐饮业厨房间。

（3）根据《建水规》GB 50015—2019 第 4.3.6 条，地漏的选择应符合下列规定：

①食堂、厨房和公共浴室等排水宜设置网框式地漏；

②不经常排水的场所设置地漏时，应采用密闭地漏；

③事故排水地漏不宜设水封，连接地漏的排水管道应采用间接排水；

④设备排水应采用直通式地漏；

⑤地下车库如有消防排水，宜设置大流量专用地漏。

（4）根据《建水规》GB 50015—2019 第 4.3.7 条，地漏应设置在易溅水的器具或冲洗水嘴附近，且应在地面的最低处。

（5）根据《建水规》GB 50015—2019 第 4.3.8 条，地漏泄水能力应根据地漏规格、结构和排水横支管的设置坡度等经测试确定。当无实测资料时，可按表 39-1 确定。

表 39-1 地漏的泄水能力

<table>
<tr><td colspan="3">地漏的规格</td><td>DN50</td><td>DN75</td><td>DN100</td><td>DN150</td></tr>
<tr><td rowspan="3">用于地面排水（L/s）</td><td>普通地漏</td><td>积水深 15 mm</td><td>0.8</td><td>1.0</td><td>1.9</td><td>4.0</td></tr>
<tr><td rowspan="2">大流量地漏</td><td>积水深 15 mm</td><td>—</td><td>1.2</td><td>2.1</td><td>4.3</td></tr>
<tr><td>积水深 50 mm</td><td>—</td><td>2.4</td><td>5.0</td><td>10.0</td></tr>
<tr><td colspan="3">用于设备排水（L/s）</td><td>1.2</td><td>2.5</td><td>7.0</td><td>18.0</td></tr>
</table>

（6）根据《建水规》GB 50015—2019 第 4.3.9 条，淋浴室内地漏的排水负荷可按表 39-2 确定。当用排水沟排水时，8 个淋浴器可设置 1 个直径为 100 mm 的地漏。

表 39-2 淋浴室地漏管径

淋浴器数量（个）	地漏管径（mm）
1~2	50
3	75
4~5	100

（7）根据《建水规》GB 50015—2019 第 4.3.10 条，下列设施与生活污水管道或其他可能产生有害气体的排水管道连接时，必须在排水口以下设存水弯：

①构造内无存水弯的卫生器具或无水封的地漏；

②其他设备的排水口或排水沟的排水口。

（8）根据《建水规》GB 50015—2019 第 4.3.11 条，水封装置的水封深度不得小于 50 mm，严禁采用活动机械活瓣替代水封，严禁采用钟式结构地漏。

（9）根据《综合医院建筑设计规范》GB 51039—2014 第 5.7.6 条第

8 款，手术室内不应设地漏。

（10）根据《综合医院建筑设计规范》GB 51039—2014 第 6.3.7 条，医院地面排水地漏的设置应符合下列要求：

①浴室和空调机房等经常有水流的房间应设置地漏；

②卫生间等有可能形成水流的房间宜设置地漏；

③对于空调机房等季节性地面排水，以及需要排放冲洗地面、冲洗废水的医疗用房等，应采用可开启式密封地漏；

④地漏应采用带过滤网的无水封直通型地漏加存水弯，地漏的通水能力应满足地面排水的要求；

⑤地漏附近有洗手盆时，宜采用洗手盆的排水给地漏水封补水。

（11）根据《住宅设计规范》GB 50096—2011 第 8.2.9 条，设置淋浴器和洗衣机的部位应设置地漏，设置洗衣机的部位宜采用能防止溢流和干涸的专用地漏。洗衣机设置在阳台上时，其排水不应排入雨水管。

（12）根据《住宅设计规范》GB 50096—2011 第 8.2.10 条，无存水弯的卫生器具和无水封的地漏与生活排水管道连接时，在排水口以下应设存水弯。存水弯和有水封地漏的水封高度不应小于 50 mm。

（13）根据《住宅设计规范》GB 50096—2011 第 8.2.11 条，地下室、半地下室中低于室外地面的卫生器具和地漏的排水管不应与上部排水管连接，应设置集水设施将排水用污水泵排出。

（14）根据《住宅建筑规范》GB 50368—2005 第 8.2.8 条，设有淋浴器和洗衣机的部位应设置地漏，其水封深度不得小于 50 mm。构造内无存水弯的卫生器具与生活排水管道连接时，在排水口以下应设存水弯，其水封深度不得小于 50 mm。

（15）根据《住宅建筑规范》GB 50368—2005 第 8.2.9 条，地下室、半地下室中卫生器具和地漏的排水管不应与上部排水管连接。

地漏选用是否合理直接影响室内环境和空气品质。不同部位应根据环境、功能等因素选用不同形式的地漏。但是不论选用何种地漏，带水封的地漏的水封深度都不得小于 50 mm；不带水封的地漏与生活污水管道或其他可能产生有害气体的排水管道连接时，其排水管上应加水封深度不小于 50 mm 的存水弯。当地漏所接立管向室外散水排水时，地漏可不设存水弯。

参考文献

［1］《房屋建筑与市政工程勘察设计及审查常见问题分析与对策》编委会. 房屋建筑与市政工程勘察设计及审查常见问题分析与对策［M］. 北京：中国建筑工业出版社，2018.

40 关于污水、废水排入城镇排水系统或排入水体的水质要求的问题

（1）城市中既有民用建筑，也有工业建筑。

对民用建筑污水，原来的普遍做法是在室外装置化粪池，民用建筑污水经过化粪池即可排入城镇排水系统。但是最新的《室外排水设计标准》GB 50014—2021 第 3.3.6 条规定，城镇已建有污水收集和集中处理设施时，分流制排水系统不应设置化粪池。该条文主要考虑到，随着我国大部分地区污水设施的逐步建成和完善，再设置化粪池将降低污水厂的进水水质，不利于提高污水的处理效率。故采用分流制排水系

统时，民用建筑污水排入市政排水管网之前，不需要设置化粪池。

对工业建筑污水，由于其水质复杂，所以其排入城镇排水系统是有条件的。

《室外排水设计标准》GB 50014—2021 第 3.3.3 条规定，排入城镇污水管网的污水水质必须符合国家现行标准的规定，不应影响城镇排水管道渠和污厂等的正常运行；不应对养护管理人员造成危害；不应影响处理后出水的再生利用和安全排放；不应影响污泥的处理和处置。

所以工业建筑污水要想直接排入城镇排水系统，其水质应符合《污水排入城镇下水道水质标准》GB/T 31962—2015 的要求。

根据《污水排入城镇下水道水质标准》GB/T 31962—2015 第 4.1.6 条，水质不符合本标准规定的污水应进行预处理，不得用稀释法降低浓度后排入城镇下水道。

也就是说，当污水水质达不到该标准的要求时，应在厂区内设处理设施，经处理达到该标准的要求后，方可排入城镇排水系统。

（2）无论是工业建筑废水还是污水处理厂处理后的出水，都有可能需要直接向天然水体（地表水、海水等）排放，目前应达到的国家排放标准分为国家综合排放标准和国家行业排放标准两类。①国家综合排放标准，即《污水综合排放标准》GB 8978—1996。②国家行业排放标准，即各行业针对本行业的排水特点制定的污水排放标准，如造纸工业、船舶工业等共 12 个行业，具体见《污水综合排放标准》GB 8978—1996 第 1.2 条所列举的行业名称。

具体的执行原则如下。

①国家综合排放标准和国家行业排放标准都是国家标准，按照综

合排放标准和行业排放标准不交叉的原则执行，即凡是已有发布的行业排放标准的工业污染物排放，一律执行行业排放标准，没有行业排放标准的执行综合排放标准。

②地方排放标准必须严于国家排放标准。有地方排放标准的，执行地方排放标准，地方排放标准中没有的污染物和行业，执行相应的国家排放标准。比如《大清河流域水污染物排放标准》DB13/ 2795—2018就是河北省的地方标准。

③国家排放标准和地方排放标准都是强制性标准，是工程建设环境影响评价、设计、建设、验收和管理的标准依据。

（3）综合以上所述内容可知，对工业废水直接排入水体的情况，如果有行业排放标准应执行行业排放标准，否则执行《污水综合排放标准》GB 8978—1996。对污水处理厂处理后的出水直接排入水体的情况，应执行《污水综合排放标准》GB 8978—1996。至于民用建筑污水，其水质不可能符合《污水综合排放标准》GB 8978—1996 的要求，所以不能直接排至水体，应进入污水处理厂处理。如果项目附近无城镇下水道，则可考虑就地设置处理设施（如中水处理站），经处理水质达到《污水综合排放标准》GB 8978—1996 的要求后方可直接排入水体。

41 人防口部集水坑和洗消水龙头的设置问题

《人民防空地下室设计规范》GB 50038—2005 第 6.4.5 条规定，防空地下室口部染毒区墙面、地面的冲洗应符合下列要求。

第 1 款：需冲洗的部位包括进风竖井、进风扩散室、除尘室、滤毒室（包括与滤毒室相连的密闭通道）和战时主要出入口的洗消间（简易洗消间）、防毒通道及其防护密闭门以外的通道，并应在这些部位设置收集洗消废水的地漏、清扫口或集水坑。

第 3 款：应设置供墙面、地面冲洗用的冲洗栓或冲洗龙头，并配备冲洗软管，其服务半径不宜超过 25 m，供水压力不宜小于 0.2 MPa，供水管管径不得小于 20 mm。

此条第 1 款可知，如果严格按规范所列位置来看，需要设置排水设施（排水形式包括地漏、清扫口或集水坑）的部位是次出入口的 5 个部位和主出入口的 3 个部位。至于哪些部位需要设集水坑，哪些部位需要设地漏，地漏排水接至哪个集水坑，规范并没有明确说明。但从若干关于人防的标准图集，如 09FS01、05SFS10 中可以看出口部排水流程的基本原则如下。

（1）染毒区排水可以设密闭地漏排至进风竖井、排风竖井、防护密闭门以外等人防以外的集水坑，绝对禁止排入人防清洁区以内的集水坑。

（2）次要出入口的防护密闭门以外可不设集水坑（与《人民防空地下室设计规范》GB 50038—2005 第 6.4.5 条所列位置一致）。

（3）主要出入口的排风竖井内最好设置一个集水坑，这虽然没有在规范中列出，但在图集里设置了这个集水坑，故建议在画图时也设置。

由此条第 3 款和若干关于人防的标准图集可知，冲洗龙头不必在每个竖井、扩散室、除尘室、滤毒室、密闭通道、洗消间、防毒通道都分别设置，只需要设置一处，其他位置在该冲洗龙头 25 m 的服务半径以内即可。

42 关于屋面雨水排水系统分类的问题

☞ 按雨水管道的位置分类

（1）外排水：雨水立管敷设在室外的雨水排水系统。这种系统有时将雨水斗和雨水立管的连接管（注意不是悬吊管）敷设在室内，此时也可以称为外排水系统。

适用场所：檐沟排水和承雨斗排水的建筑。

（2）内排水：雨水立管敷设在室内的雨水排水系统。

适用场所：当雨水立管无法设置在建筑外墙时，如建筑为玻璃幕墙，又如建筑外立面过于复杂而无法将立管设置在室外，可以采用内排水系统。

根据《建筑屋面雨水排水系统技术规程》CJJ 142—2014 第 3.4.6 条，严寒地区宜采用内排水系统。当寒冷地区采用外排水系统时，雨水排水管道不宜设置在建筑北侧。

根据《建水规》GB 50015—2019 第 5.2.33 条，寒冷地区雨水斗和天沟宜采取融冰措施，雨水立管宜布置在室内。

☞ 按雨水汇水方式分类

（1）檐沟（外）排水：采用成品檐沟或土建檐沟汇水排入雨水立管的排水方式。由于檐沟本身就在屋顶边缘，且大多数追求外立面效果的高等级建筑不会采用檐沟排水，所以与檐沟连接的雨水立管都设置在室外，故称为檐沟外排水。

适用场所：屋面面积较小的单层、多层住宅或体量与之相近的一般民用建筑，瓦屋面建筑或坡屋面建筑，雨水管不允许进入室内的建筑。

（2）天沟排水：天沟收集雨水，沟内设雨水斗的排水方式。依据雨水管道设置在室内还是室外，分为天沟内排水和天沟外排水。

适用场所：大型厂房、轻质屋面、大型复杂屋面、绿化屋面。

天沟和檐沟没有本质区别，由于所处位置不同而导致叫法不同。天沟是屋面上沿沟长两侧收集雨水引到屋面雨水径流的集水沟；檐沟是屋檐边的集水沟，沿沟长单侧收集雨水且溢流雨水能沿沟边溢流到室外。檐沟主要用于老式、普通的建筑，追求外立面效果的建筑一般不采用檐沟；天沟主要用于大面积屋面（比如厂房）、有绿化的屋面等。

（3）屋面雨水斗排水：雨水斗设于屋面，无天沟。

适用场所：住宅、常规公共建筑。

（4）承雨斗外排水：承雨斗设于侧墙的排水方式。承雨斗是一种只能安装在侧墙上的外挂式雨水集水斗，所以这种系统都是外排水。

适用场所：屋面设有女儿墙的多层住宅等，追求外立面效果的建筑一般也不采用承雨斗外排水系统。

（5）阳台排水：用于排除敞开式阳台雨水的排水系统。

☞ **按水流流态分类**

水流流态与雨水斗的种类密切相关，或者说雨水斗的种类决定了水流流态。值得注意的是，在《给水排水设计手册》（第三版）和《建筑屋面雨水排水系统技术规程》CJJ 142—2014 中，将屋面雨水系统的水流流态分为三种，而在《建水规》GB 50015—2019 中，由于把采用 87 型雨水斗的雨水流态归为重力流屋面雨水系统，所以将屋面雨水系统的水流流态分为两种。

（1）重力流屋面雨水系统：采用承雨斗、成品檐沟、阳台地漏排水。

这种系统的设计排水能力小，当降雨量超过设计重现期时，超标的雨水需要溢流外排而不能进入系统内。

适用场所：多层建筑、高层建筑外排水、能实现超标的雨水不进入系统的建筑。

（2）半有压流屋面雨水系统：采用87型、65型雨水斗或性能相近的雨水斗。这种系统的设计排水能力适中，在气水混合流或者满管流状态下都可排水，所以计算时按非满管流设计，预留排超标雨水的余量，并保障最不利工况——满管流状态下的排水安全。也就是说，当降雨量超过设计重现期时，超标的雨水允许进入系统内，形成满管流。但是，采用半有压流屋面雨水系统的建筑一般也需要设溢流设施，以利于安全。（在《建水规》GB 50015—2019中，把半有压流屋面雨水系统归为重力流屋面雨水系统，以保证安全）

适用场所：多层建筑、高层和超高层建筑、无法设溢流设施的建筑。

（3）压力流屋面雨水系统：采用虹吸雨水斗或性能相近的雨水斗。这种系统的设计排水能力最大，计算时按满管有压流设计，管道不预留排超标雨水的余量。当降雨量超过设计重现期时，超标的雨水需要溢流外排而不能进入系统内，需要设置溢流设施。

适用场所：大型、复杂屋面建筑，屋面板下悬吊管难以设置坡度的建筑。

43 当室外消火栓系统采用市政给水作为消防水源时需注意的问题

当小区或厂区室外消火栓系统采用低压制时，在绝大多数情况下，其水源均为市政给水管网，所以此时需从市政给水管网上接出给水管道至小区或厂区红线内，室外消火栓就直接设在该环状给水管道上，现将各常用规范中出现的条文和需注意的问题总结如下。

（1）《建水规》GB 50015—2019 第 3.3.7 条第 1 款规定，（从生活饮用水管道上直接供下列用水管道时，）从城镇给水管网的不同管段接出两路及两路以上至小区或建筑物，且与城镇给水管形成连通管网的引入管上（应设置倒流防止器）。

此条明确了当室外消防系统采用两路供水时，需要在两根引入管上设倒流防止器。

（2）《建水规》GB 50015—2019 第 3.3.8 条第 1 款规定，（从小区或建筑物内的生活饮用水管道系统上）单独接出消防用水管道时，在消防用水管道的起端（应设置倒流防止器）。

当从生活饮用水管道上直接接出室外消火栓时，不需要设倒流防止器。本条规定属于生活饮用水与消防用水管道的连接，需要注意的是，此条适用于从生活饮用水管道上接出室内、外消火栓管道和自动喷淋管道等其他消防管道的情况。

（3）《建水规》GB 50015—2019 第 3.13.8 条规定，设有室外消火栓的室外给水管道，管径不得小于 100 mm。《室外给水设计标准》GB 50013—2018 第 7.1.13 条规定，负有消防给水任务的管道的最小直径和室外消火栓的间距应符合现行国家标准《消防给水及消火栓系统技术规范》GB 50974 的有关规定。

（4）《消水规》GB 50974—2014 第 4.2.1 条规定，当市政给水管网连续供水时，消防给水系统可采用市政给水管网直接供水。

此条提出了对市政给水管网可靠性的要求。不过《城镇给水排水技术规范》GB 50788—2012 第 3.1.1 条规定，城镇给水系统应具有保障连续不间断地向城镇供水的能力，满足城镇用水对水质、水量和水压的用水需求。从此条可以看出，该规范已经对市政供水的连续性提出了要求，所以在一般情况下城镇供水是可以保证连续性的。不过对个别小城镇或工矿企业项目，依然可能出现供水不连续的情况，此时需注意其不能作为消防水源使用。

（5）《消水规》GB 50974—2014 第 4.2.2 条规定，用作两路消防供水的市政给水管网应符合下列要求：

①市政给水厂应至少有两条输水干管向市政给水管网输水；

②市政给水管网应为环状管网；

③应至少有两条不同的市政给水干管上不少于两条引入管向消防给水系统供水。

本条规定了市政给水可以认定为两路供水的情况。

（6）《消水规》GB 50974—2014 第 6.1.3 条规定，建筑物室外宜采用低压消防给水系统，当采用市政给水管网供水时，应符合下列规定：

①应采用两路消防供水，除建筑高度超过 54 m 的住宅外，室外消火栓设计流量小于或等于 20 L/s 时可采用一路消防供水；

②室外消火栓应由市政给水管网直接供水。

此条明确了若室外消火栓采用低压制，则哪些建筑物允许设一路消防供水，哪些建筑物不允许设一路消防供水。本条第①款明确了建筑高度小于或等于 54 m 的住宅（注意所有住宅的室外消防用水量均为 15 L/s，所以此条款特别规定了住宅高度，当住宅高度大于 54 m 时，即使室外消防用水量为 15 L/s，小于 20 L/s，也必须设两路消防供水）和室外消火栓用水量小于或等于 20 L/s 的其他建筑可以设一路消防供水；其他建筑必须设两路消防供水。

（7）《消水规》GB 50974—2014 第 6.1.4 条规定，工艺装置区、储罐区、堆场等构筑物的室外消防给水应符合下列规定：

①工艺装置区、储罐区等场所应采用高压或临时高压消防给水系统，但若无泡沫灭火系统、固定冷却水系统和消防炮，室外消防给水设计流量不大于 30 L/s，且在城镇消防站的保护范围内，可采用低压消防给水系统；

②堆场等场所宜采用低压消防给水系统，但若可燃物堆场规模大、堆垛高、易起火、扑救难度大，应采用高压或临时高压消防给水系统。

（8）《消水规》GB 50974—2014 第 7.2.8 条规定，当市政给水管网设有市政消火栓时，其平时运行工作压力不应小于 0.14 MPa，火灾时水力最不利市政消火栓的出流量不应小于 15 L/s，且供水压力从地面算起不应小于 0.10 MPa。

本条虽然说的是市政消火栓，但对室外消火栓同样适用。本条明确了管道所需要考虑的压力问题。

（9）《消水规》GB 50974—2014 第 7.3.10 条规定，当室外消防给水引入管设有倒流防止器，且火灾时因其水头损失导致室外消火栓不能满足本规范第 7.2.8 条的要求时，应在该倒流防止器前设置一个室外消火栓。

（10）《消水规》GB 50974—2014 第 8.1.4 条第 2 款规定，（室外消防给水管网）管道的直径应根据流量、流速和压力要求经计算确定，但

不应小于 *DN*100；第 3 款规定，消防给水管道应采用阀门分成若干独立段，每段内室外消火栓的数量不宜超过 5 个。

此条对管网的管径和阀门设置提出了要求。

44 关于哪些水源可以作为消防水源的问题

规范对消防水源的选用有若干规定，现总结如下。

（1）《消水规》GB 50974—2014 第 4.1.2 条规定，消防水源的水质应满足水灭火设施的功能要求。

本条的条文说明中明确，室外消防给水的水质可以差一些，而室内消防给水如消火栓、自动喷水等对水质要求较严，颗粒物不能堵塞喷头和消火栓水枪等。

（2）《消水规》GB 50974—2014 第 4.1.3 条规定，消防水源应符合下列规定：

①市政给水、消防水池、天然水源等可作为消防水源，宜采用市政给水；

②雨水清水池、中水清水池、水景和游泳池可作为备用消防水源。

本条第①款明确了共有三种水源可以作为消防水源。

关于第一种市政给水作为消防水源，本规范第 4.2.1 条还规定，当市政给水管网连续供水时，消防给水系统可采用市政给水管网直接供水。

由于火灾发生没有预兆，所以本条强调了市政给水作为消防水源时，必须确保能连续供水。对一些偏远的小镇或工矿企业，这一条的规定尤其必要。

关于第二种消防水池作为消防水源，具体注意事项和要求见下一节的论述。

关于第三种天然水源作为消防水源，详见本规范第 4.4 节的规定。

本条第②款中所提到的备用消防水源，一般来说是指在灭火时超出设计标准的贮水水源（作为火灾用水量超过设计标准用水量时的补充水源），在计算消防水池容积时，不宜计入在内。

（3）《消水规》GB 50974—2014 第 4.1.6 条规定，雨水清水池、中水清水池、水景和游泳池必须作为消防水源时，应有保证在任何情况下均能满足消防给水系统所需的水量和水质的技术措施。

雨水清水池、中水清水池等可以作为消防水源，但重点是需要保证在"任何情况下"均能满足消防给水系统所需的水量和水质。一些污水处理厂的出水经过二级处理后产出一部分中水作为消防水源，设计时应特别注意需要采取有效的措施保证在"任何情况下"均能满足消防要求，特别是当水厂需要检修时，也要能保证厂区的消防要求。

参考文献

[1] 赵锂，陈怀德，姜文源.《消防给水及消火栓系统技术规范》GB 50974—2014 实施指南[M]. 北京：中国建筑工业出版社，2016.

45　在消防水池设计中应注意的若干问题（含在何种情况下需设置消防水池）

消防水池（本节所讨论的内容不含高位消防水池）作为重要且常用的消防水源，在具体设计时有很多地方需要注意。不同规范对此做了若干规定,现归纳总结如下。

(1)《建水规》GB 50015—2019 第 3.3.6 条第 1 款规定,向消防等其他非供生活饮用的贮水池(箱)补水时,进水管口最低点高出溢流边缘的空气间隙不应小于 150 mm。

此条规定了给消防水池补水的补水管口与溢流液位的距离。

(2)《建水规》GB 50015—2019 第 3.3.15 条规定,供单体建筑使用的生活饮用水水池(箱)与消防用水的水池(箱)应分开设置。

本条规定了供单体建筑使用的生活水池不能和消防水池合用。另外本条的条文说明指出,当地供水行政主管部门和供水部门另有规定时,按规定执行,并应满足合并贮水池有效容积的贮水设计更新周期不得大于 48 h。

(3)《建水规》GB 50015—2019 第 3.3.16 条规定,生活饮用水水池(箱)与消防用水水池(箱)并列设置时,应有各自独立的池(箱)壁。

(4)《消水规》GB 50974—2014 第 4.1.5 条规定,严寒、寒冷等冬季结冰地区的消防水池、水塔和高位消防水池等应采取防冻措施。

本条规定了消防水池应采取防冻措施。

(5)《消水规》GB 50974—2014 第 4.3.1 条规定,符合下列规定之一时,应设置消防水池:

①当生产、生活用水量达到最大时,市政给水管网或入户引入管不能满足室内、室外消防给水设计流量;

②采用一路消防供水或只有一条入户引入管,且室外消火栓设计流量大于 20 L/s 或建筑高度大于 50 m;

③市政消防给水设计流量小于建筑室内、外消防给水设计流量。

本条规定了在何种情况下需要设消防水池。

关于本条第②款中的“一路消防供水”,《消水规》GB 50974—2014 第 4.2.2 条做了规定,用作两路消防供水水源的市政给水管网应符合下列要求:

①市政给水厂应至少有两条输水干管向市政给水管网输水;

②市政给水管网应为环状管网;

③应至少有两条不同的市政给水干管上不少于两条引入管向消防给水系统供水。

也就是说,只要不能同时满足第 4.2.2 条中的三个要求,就是所谓的“一路消防供水”,就需要设置消防水池。

(6)《消水规》GB 50974—2014 第 4.3.3 条规定,消防水池进水管应根据其有效容积和补水时间确定,补水时间不宜大于 48 h,但当消防水池有效总容积大于 2 000 m^3 时,不应大于 96 h。消防水池进水管管径应通过计算确定,且不应小于 *DN*100。

本条规定了消防水池进水管的管径。

(7)《消水规》GB 50974—2014 第 4.3.4 条规定,消防水池采用两路消防供水且在火灾情况下连续补水(关于“连续补水”的定义和要求见《消水规》GB 50974—2014 第 4.3.5 条)能满足消防要求时,消防水池的有效容积应通过计算确定,但不应小于 100 m^3,当仅设有消火栓系统时不应小于 50 m^3。

本条规定了消防水池的最小容积。

(8)《消水规》GB 50974—2014 第 4.3.5 条规定,发生火灾时消防水池连续补水应符合下列规定。

①消防水池应采用两路消防给水。

②火灾延续时间内的连续补水流量应按消防水池最不利进水管供水量计算，并可按下式计算：

$$q_f=3\,600Av \tag{45-1}$$

式中：q_f——发生火灾时消防水池的补水流量（m³/h）；

A——消防水池给水管的断面面积（m²）；

v——管道内水的平均流速（m/s）。

③消防水池进水管管径和流量应根据市政给水管网或其他给水管网的压力、入户引入管管径、消防水池进水管管径和发生火灾时的其他用水量等经水力计算确定，当计算条件不具备时，给水管的平均流速不宜大于 1.5 m/s。

本条规定了“连续补水”应满足的条件和消防水池进水管的平均流速。

（9）《消水规》GB 50974—2014 第 4.3.6 条规定，消防水池的总蓄水有效容积大于 500 m³ 时，宜设两格能独立使用的消防水池；当大于 1 000 m³ 时，应设置能独立使用的两座消防水池。每格（或座）消防水池应设置独立的出水管，并应设置满足最低有效水位的连通管，且其管径应能满足消防给水设计流量的要求。

本条规定了消防水池在什么情况下需要设计成两格或者两座单独的水池。

（10）《消水规》GB 50974—2014 第 4.3.7 条规定，储存室外消防用水的消防水池或供消防车取水的消防水池应符合下列规定：

①消防水池应设置取水口（井），且吸水高度不应大于 6.0 m；

②取水口(井)与建筑物(水泵房除外)的距离不宜小于 15 m;

③取水口(井)与甲、乙、丙类液体储罐等构筑物的距离不宜小于 40 m;

④取水口(井)与液化石油气储罐的距离不宜小于 60 m,当采取防止辐射热保护措施时,可为 40 m。

本条规定了当消防水池储存室外消防用水时需注意的问题。

(11)《消水规》GB 50974—2014 第 4.3.8 条规定,消防用水与其他用水共用的水池,应采取确保消防用水量不作他用的技术措施。

本条规定了当消防水池与其他用水水池合建时需注意的问题。

(12)《消水规》GB 50974—2014 第 4.3.9 条规定,消防水池的出水、排水和水位应符合下列规定:

①消防水池的出水管应保证消防水池的有效容积能被全部利用;

②消防水池应设置就地水位显示装置,并应在消防控制中心或值班室等地点设置显示消防水池水位的装置,同时应有最高和最低报警水位;

③消防水池应设置溢流水管和排水设施,并应间接排水。

本条所规定的内容都属于审图重点审查的内容。

(13)《消水规》GB 50974—2014 第 4.3.10 条规定,消防水池的通气管和呼吸管等应符合下列规定:

①消防水池应设置通气管;

②消防水池的通气管、呼吸管和溢流水管等应采取防止虫、鼠等进入消防水池的技术措施。

本条规定了对消防水池上的一些附件的特殊要求。

46 生活水泵房和水池、消防水泵房和水池、中水泵房和水池的设置位置需要注意的问题

☞ 问题1 生活水泵房和水池的设置位置需要注意的问题

（1）《建水规》GB 50015—2019 第 3.3.15 条规定，供单体建筑使用的生活饮用水水池（箱）与消防用水水池（箱）应分开设置。

（2）《建水规》GB 50015—2019 第 3.13.11 条规定，埋地式生活饮用水贮水池周围 10 m 内不得有化粪池、污水处理构筑物、渗水井、垃圾堆放点等污染源。生活饮用水水池（箱）周围 2 m 内不得有污水管和污染物。

（3）《建水规》GB 50015—2019 第 3.3.16 条规定，建筑物内的生活饮用水水池（箱）体应采用独立结构形式，不得利用建筑物的本体结构作为水池（箱）的壁板、底板和顶盖。

生活饮用水水池（箱）与消防用水水池（箱）并列设置时，应有各自独立的池（箱）壁。

（4）《建水规》GB 50015—2019 第 3.3.17 条规定，建筑物内的生活饮用水水池（箱）和生活给水设施不应设置于与厕所、垃圾间、污（废）水泵房、污（废）水处理机房和其他污染源毗邻的房间内；其上层不应有上述用房、浴室、盥洗室、厨房、洗衣房和其他产生污染源的房间。

注意该条的条文说明已经明确，在生活饮用水水池（箱）的上层即使采用同层排水系统也不可以，以免楼板发生渗漏污染生活饮用水。

（5）《建水规》GB 50015—2019 第 3.9.9 条规定，民用建筑物内设置的生活给水泵房不应毗邻居住用房或在其上层、下层，水泵机组宜设

在水池（箱）的侧面、下方，其运行噪声应符合现行国家标准《民用建筑隔声设计规范》GB 50118 的规定。

由此条可知，水泵房既不应毗邻居住用房，也不可位于居住用房的上方或下方。

（6）《建水规》GB 50015—2019 第 3.8.1 条第 2 款规定，建筑物内的水池（箱）应设置在专用房间内，房间应无污染、不结冻、通风良好并应维修方便，室外设置的水池（箱）和管道应采取防冻、隔热措施；第 3 款规定，建筑物内的水池（箱）不应毗邻配变电所或在其上方，不宜毗邻居住用房或在其下方。

由此条可知，水泵房内的水池（箱）既不应毗邻电气用房，也不可位于电气用房的上方。

（7）《建水规》GB 50015—2019 第 3.13.13 条规定，小区独立设置的水泵房宜靠近用水大户。水泵机组的运行噪声应符合现行国家标准《声环境质量》GB 3096 的规定。

（8）《城镇给水排水技术规范》GB 50788—2012 第 3.6.6 条规定，给水加压、循环冷却等设备不得设置在居住用房的上层、下层和毗邻的房间内，不得污染居住环境。

☞ 问题 2　消防水泵房和水池的设置位置需要注意的问题

（1）《消水规》GB 50974—2014 第 5.5.10 条规定，消防水泵不宜设在有防振或有安静要求的房间的上一层、下一层和毗邻位置，当必须设置时，应采取下列降噪减振措施：

①消防水泵应采用低噪声水泵；

②消防水泵机组应设隔振装置；

③消防水泵吸水管和出水管上应设隔振装置;

④消防水泵房内管道支架和管道穿墙、穿楼板处应采取防止固体传声的措施;

⑤在消防水泵房内墙应采取隔声吸音的技术措施。

(2)《消水规》GB 50974—2014 第 5.5.12 条规定,消防水泵房应符合下列规定:

①独立建造的消防水泵房耐火等级不应低于二级;

②附设在建筑物内的消防水泵房,不应设置在地下三层及以下,或室内地面与室外出入口地坪高差大于 10 m 的地下楼层;

③附设在建筑物内的消防水泵房,应采用耐火极限不低于 2.0 h 的隔墙和耐火极限不低于 1.5 h 的楼板与其他部位隔开,其疏散门应直通安全出口,且开向疏散走道的门应采用甲级防火门。

(3)《消水规》GB 50974—2014 第 5.5.13 条规定,当采用柴油机消防水泵时宜设置独立的消防水泵房,并应设置满足柴油机运行要求的通风、排烟和阻火设施。

(4)《消水规》GB 50974—2014 第 5.5.14 条规定,消防水泵房应采取防水淹没的技术措施。

注意此要求在《建火规》GB 50016—2014(2018 年版)第 8.1.8 条中为强条。

(5)《民用建筑设计统一标准》GB 50352—2019 第 8.1.9 条规定,消防水池的设计应符合下列规定。

①消防水池可室外埋地设置、露天设置或在建筑内设置,并靠近消防泵房或在泵房内,且池底标高应高于或等于消防泵房的地面标高。

②消防用水等非生活饮用水水池的池体宜根据结构要求与建筑物本体脱开，采用独立结构形式。钢筋混凝土水池的池壁、底板和顶板应做防水处理，且内表面应光滑，易于清洗。

（6）《民用建筑设计统一标准》GB 50352—2019 第 8.1.10 条规定，消防水泵房的设置应符合下列规定：

①不应设置在地下三层及以下，或室内地面与室外出入口地坪高差大于 10 m 的地下楼层；

②消防水泵房应采取防水淹的技术措施；

③疏散门应直通室外或安全出口。

☞ 问题 3　中水泵房和水池的设置位置需要注意的问题

（1）《建筑中水设计标准》GB 50336—2018 第 7.1.1 条规定，中水处理站的位置应根据建筑的总体规划、中水原水的来源、中水用水的位置、环境卫生和管理维护的要求等因素综合确定。

（2）《建筑中水设计标准》GB 50336—2018 第 7.1.2 条规定，建筑物内的中水处理站宜设在建筑物的最底层或主要排水汇水管道的设备层。

（3）《建筑中水设计标准》GB 50336—2018 第 7.1.3 条规定，建筑小区中水处理站和以生活污水为原水的中水处理站宜在建筑物外部按规划要求独立设置，且与公共建筑和住宅的距离不宜小于 15 m。

（4）《建筑中水设计标准》GB 50336—2018 第 7.2.8 条规定，设于建筑物内的中水处理站的层高不宜小于 4.5 m，各处理构筑物上部人员活动区域的净空不宜小于 1.2 m。

（5）《民用建筑设计统一标准》GB 50352—2019 第 8.1.7 条规定，

污水处理站、中水处理站的设置应符合下列规定。

①建筑小区污水处理站、中水处理站宜布置在基地主导风向的下风向处，且宜在地下独立设置。以生活污水为原水的地面处理站与公共建筑和住宅的距离不宜小于 15 m。

②建筑物内的中水处理站宜设在建筑物的最底层，建筑群（组团）的中水处理站宜设在其中心位置建筑的地下室或裙房内。

47 锅炉房、水泵房、电器用房等站房的消防设计规定和消防设计要求

☞ 锅炉房、水泵房、电气用房灭火器设置的危险等级

（1）锅炉房：《建筑灭火器配置设计规范》GB 50140—2005 附录 C 规定，工业用燃油、燃气锅炉房为中危险级；附录 D 规定，民用燃油、燃气锅炉房为中危险级。

（2）水泵房：《建筑灭火器配置设计规范》GB 50140—2005 附录 C 规定，工业项目的不燃液体的泵房和阀门室为轻危险级；对民用建筑的水泵房，该规范未做规定。

（3）电气用房：《建筑灭火器配置设计规范》GB 50140—2005 附录 C 规定，各工厂的总控制室、分控制室为严重危险级，工业项目的油浸变压器室和高、低压配电室为中危险级，附录 D 规定，民用建筑的油浸变压器室和高、低压配电室为中危险级。

☞ 锅炉房、水泵房、电气用房的火灾危险等级

（1）锅炉房：《建火规》GB 50016—2014（2018 年版）第 3.1.1 条的条文说明举例规定了锅炉房为丁类厂房。

（2）水泵房：《建火规》GB 50016—2014（2018 年版）第 3.1.1 条的条文说明举例规定了不燃液体的泵房和阀门室为戊类厂房。

（3）电气用房：《建火规》GB 50016—2014（2018 年版）第 3.1.1 条的条文说明举例规定了油浸变压器室、配电室（每台装油量大于 60 kg 的设备）为丙类厂房。

☞ **锅炉房、电气用房的消防设计要求**

（1）《建火规》GB 50016—2014（2018 年版）第 5.4.12 条第 8 款规定，应设置与（燃油、燃气）锅炉、变压器、电容器和多油开关等的容量和建筑规模相适应的灭火设施，当建筑内的其他部位设置自动喷水灭火系统时，应设置自动喷水灭火系统。

（2）《建火规》GB 50016—2014（2018 年版）第 5.4.13 条第 6 款规定，（布置在民用建筑内的柴油发电机房）应设置与柴油发电机的容量和建筑规模相适应的灭火设施，当建筑内的其他部位设置自动喷水灭火系统时，机房内应设置自动喷水灭火系统。

（3）《建火规》GB 50016—2014（2018 年版）第 8.3.9 条第 8 款规定，其他特殊重要设备室（应设置自动灭火系统，并宜采用气体灭火系统）。

由该条的条文说明可知，特殊重要设备主要指设置在重要部位和场所，发生火灾将严重影响生产和生活的关键设备。如化工厂中的中央控制室和单台机组容量在 300 MW 及以上的发电厂的电子设备间、控制室、计算机房、继电器室等。高层民用建筑内火灾危险性大，发生火灾将对生产、生活产生严重影响的配电室等也属于特殊重要设备室。

参考文献

[1] 张福先,董志华.《室外排水设计规范》GB 50014—2006(2016 年版)解读[M]. 北京:中国建筑工业出版社,2017.

48 当室内消火栓系统由生产、生活给水系统管网直接供水时需注意的问题

对一些高度不大、层数不多、体积不大的民用建筑和一些具有相同特点的厂区,在进行给排水设计时,有时为了简化消火栓系统,会考虑将消火栓系统和生产、生活给水系统管网合并。此时需要注意一些问题,总结如下。

(1)《建水规》GB 50015—2019 第 3.3.8 条规定,从小区或建筑物内的生活饮用水管道系统上接下列用水管道或设备时,应设置倒流防止器:

①单独接出消防用水管道时,在消防用水管道的起端;

②从生活用水与消防用水合用贮水池中抽水的消防水泵的出水管上。

此条明确了需要设倒流防止器的情况。

(2)《建水规》GB 50015—2019 第 3.3.10 条第 3 款规定,从小区或建筑物内的生活饮用水管道上直接接出消防(软管)卷盘、轻便消防水龙时,应在用水管道上设置真空破坏器等防回流污染设施。

此条款明确了需要设真空破坏器的情况。

(3)《消水规》GB 50974—2014 第 6.1.8 条规定,室内应采用高压

或临时高压消防给水系统，且不应与生产、生活给水系统合用；但当自动喷水灭火系统局部应用系统和仅设有消防软管卷盘或轻便水龙的室内消防给水系统时，可与生产、生活给水系统合用。

由此条可知，室内若采用高压或临时高压消防给水系统，不能从生活给水系统管道上接出室内消火栓。

（4）《消水规》GB 50974—2014 第 8.1.5 条第 2 款规定，当由室外生产、生活、消防合用系统直接供水时，合用系统除应满足室外消防给水设计流量和生产、生活最大小时设计流量的要求外，还应满足室内消防给水系统设计流量和压力的要求。

（5）《消水规》GB 50974—2014 第 8.3.5 条规定，室内消防给水系统由生活、生产给水系统管网直接供水时，应在引入管处设置倒流防止器。当消防给水系统采用有空气隔断的倒流防止器时，该倒流防止器应设置在清洁、卫生的场所，其排水口应采取防止被水淹没的技术措施。

此条与前面第（1）条规定的内容一致。

49　对室内、外消防管道是否需要布置成环状及其管径的选用的规定

（1）《消水规》GB 50974—2014 第 8.1.1 条规定，当市政给水管网设有市政消火栓时，应符合下列规定（部分摘录）：

①设有市政消火栓的市政给水管网宜为环状管网，但当城镇人口少于 2.5 万人时，可为枝状管网。

②接市政消火栓的环状管网的管径不应小于 *DN*150，枝状管网的

管径不宜小于 DN200。当城镇人口少于 2.5 万人时，接市政消火栓的给水管网的管径可适当减小，为环状管网时不应小于 DN100，为枝状管网时不宜小于 DN150。

此条规定了设有市政消火栓的给水管网是否需要布置成环状及其管径的选用。本条所规定的内容主要用于市政给水管网的规划设计和施工图设计阶段。

（2）《消水规》GB 50974—2014 第 8.1.2 条规定，下列消防给水应采用环状给水管网：

①向两栋或两座及以上建筑供水时；

②向两种及以上水灭火系统供水时；

③采用设有高位消防水箱的临时高压消防给水系统时；

④向由两个及以上报警阀控制的自动水灭火系统供水时。

此条硬性规定了几种必须设环状管网的情况。

（3）《消水规》GB 50974—2014 第 8.1.4 条规定，室外消防给水管网应符合下列规定（部分摘录）：

①室外消防给水采用两路消防供水时应采用环状管网，但当采用一路消防供水时可采用枝状管网；

②管道的直径应根据流量、流速和压力要求经计算确定，但不应小于 DN100。

上面的条文第①款在执行时会遇到一个问题，就是什么时候规范允许室外消防管网采用一路消防供水。根据《消水规》GB 50974—2014 第 6.1.3 条第 1 款，（建筑物室外宜采用低压消防给水系统，当采用市政给水管网供水时）应采用两路消防供水，除建筑高度超过 54 m

的住宅外，室外消火栓设计流量小于或等于 20 L/s 时可采用一路消防供水。

所以，《消水规》GB 50974—2014 第 6.1.3 条规定了什么时候室外消防管网可以采用一路消防供水，第 8.1.4 条规定了什么时候室外消防管网可以采用枝状管网。

（4）《消水规》GB 50974—2014 第 8.1.5 条规定，室内消防给水管网应符合下列规定。

①室内消火栓系统管网应布置成环状，当室外消火栓设计流量不大于 20 L/s，且室内消火栓不超过 10 个时，除本规范第 8.1.2 条外，可布置成枝状。

②当由室外生产、生活、消防合用系统直接供水时，合用系统除应满足室外消防给水设计流量和生产、生活最大小时设计流量的要求外，还应满足室内消防给水系统设计流量和压力的要求。

③室内消防管道管径应根据系统设计流量、流速和压力要求经计算确定；室内消火栓竖管管径应根据竖管最低流量经计算确定，但不应小于 *DN*100。

50　允许一股消火栓水柱保护的场所

《消水规》GB 50974—2014 第 7.4.6 条规定，室内消火栓的布置应满足同一平面有 2 支消防水枪的 2 股充实水柱同时达到任何部位的要求，但建筑高度小于或等于 24 m 且体积小于或等于 5 000 m^3 的多层仓库、建筑高度小于或等于 54 m 且每单元设置一部疏散楼梯的住宅、本规范表 3.5.2 中规定可采用 1 支消防水枪的场所，可采用 1 支消防水枪的 1 股充实水柱到达室内任何部位。

此条中所说的《消水规》GB 50974—2014 表 3.5.2 中规定可采用 1 支消防水枪的场所均是人防区域，如人防工程中"V≤1 000 m³ 的展览厅、影院、剧场、礼堂、健身体育场所等""V≤5 000 m³ 的商场、餐厅、旅馆、医院等""V≤2 500 m³ 的丙、丁、戊类生产车间、自行车库""V≤3 000 m³ 的丙、丁、戊类物品库房、图书资料档案库"。

51　室内消火栓、室外消火栓、自动喷淋系统的启动方式

规范对室内、室外消火栓系统和自动喷淋系统的启动方式做了若干规定，现归纳总结如下。

（1）《消水规》GB 50974—2014 第 11.0.1 条规定，消防水泵控制柜应设置在消防水泵房或专用消防水泵控制室内，并应符合下列要求：

①消防水泵控制柜在平时应使消防水泵处于自动启动状态；

②当自动水灭火系统为开式系统，且设置自动启动确有困难时，经论证后消防水泵可设置为手动启动状态，并应确保 24 h 有人值班。

此条明确了消火栓系统、自动喷淋系统等消防系统均应是能够自动启动消防主泵的系统。

（2）《消水规》GB 50974—2014 第 11.0.2 条规定，消防水泵不应设置自动停泵的控制功能，停泵应由具有管理权限的工作人员根据火灾扑救情况确定。

（3）《消水规》GB 50974—2014 第 11.0.3 条规定，消防水泵应确保从接到启泵信号到水泵正常运转的自动启动时间不应大于 2 min。

（4）《消水规》GB 50974—2014 第 11.0.4 条规定，消防水泵出水干

管上设置的压力开关、高位消防水箱出水管上的流量开关,或报警阀压力开关等开关信号应能直接自动启动消防水泵。消防水泵房内的压力开关宜引入消防水泵控制柜内。

此条规定了自动启动消防水泵的方法,含室外消火栓泵采用压力开启泵的规定。

(5)《消水规》GB 50974—2014 第 11.0.5 条规定,消防水泵应能手动启停和自动启动。

(6)《消水规》GB 50974—2014 第 11.0.6 条规定,稳压泵应由消防给水管网或气压水罐上设置的稳压泵自动启停泵压力开关或压力变送器控制。

此条规定了自动启停稳压泵的方法,注意与第 11.0.4 条的区别。

(7)《消水规》GB 50974—2014 第 11.0.7 条规定,消防控制室或值班室应具有下列控制和显示功能:

①消防控制柜或控制盘应设置由专用线路连接的手动直接启泵按钮;

②消防控制柜或控制盘应能显示消防水泵和稳压泵的运行状态;

③消防控制柜或控制盘应能显示消防水池、高位消防水箱等水源的高水位、低水位报警信号和正常水位。

此条规定了消防控制室需要具有的一些重要功能。

(8)《消水规》GB 50974—2014 第 11.0.8 条规定,消防水泵、稳压泵应设置就地强制启停泵按钮,并应有保护装置。

(9)《消水规》GB 50974—2014 第 11.0.9 条规定,消防水泵控制柜设置在专用消防水泵控制室内时,其防护等级不应低于 IP30;与消防水泵设置在同一空间时，其防护等级不应低于 IP55。

（10）《消水规》GB 50974—2014 第 11.0.10 条规定，消防水泵控制柜应采取防止被水淹没的措施。在高温、潮湿环境下，消防水泵控制柜内应设置自动防潮除湿的装置。

此条对设置在消防水泵房内（或水泵房里专用的控制柜室内）的消防水泵控制柜所处的环境提出了若干要求。

（11）《消水规》GB 50974—2014 第 11.0.11 条规定，当消防给水分区供水采用转输消防水泵时，转输泵宜在消防水泵启动后再启动；当消防给水分区供水采用串联消防水泵时，上区消防水泵宜在下区消防水泵启动后再启动。

（12）《消水规》GB 50974—2014 第 11.0.12 条规定，消防水泵控制柜应设置机械应急启泵功能，并应保证在控制柜内的控制线路发生故障时由有管理权限的人员在紧急时启动消防水泵。机械应急启动时，应确保消防水泵在报警后 5.0 min 内正常工作。

（13）《消水规》GB 50974—2014 第 11.0.19 条规定，消火栓按钮不宜作为直接启动消防水泵的开关，但可作为发出报警信号的开关或启动干式消火栓系统的快速起闭装置等。

在以往的消防规范中，消火栓系统主要采用在消火栓箱内设置启泵按钮的手动启动主泵方式，《消水规》的规定改变了消火栓系统启动主泵的方式，设置在消火栓箱内的按钮不推荐设置启动主泵的功能。

（14）《喷规》GB 50084—2017 第 11.0.1 条规定，湿式系统、干式系统应由消防水泵出水干管上设置的压力开关、高位消防水箱出水管上的流量开关和报警阀组压力开关直接自动启动消防水泵。

（15）《喷规》GB 50084—2017 第 11.0.2 条规定，预作用系统应由火灾自动报警系统、消防水泵出水干管上设置的压力开关、高位消防水箱出水管上的流量开关和报警阀组压力开关直接自动启动消防水泵。

（16）《喷规》GB 50084—2017 第 11.0.3 条规定，雨淋系统和自动控制的水幕系统，消防水泵的自动启动方式应符合下列要求：

①当采用火灾自动报警系统控制雨淋报警阀时，消防水泵应由火灾自动报警系统、消防水泵出水干管上设置的压力开关、高位消防水箱出水管上的流量开关和报警阀组压力开关直接自动启动；

②当采用充液（水）传动管控制雨淋报警阀时，消防水泵应由消防水泵出水干管上设置的压力开关、高位消防水箱出水管上的流量开关和报警阀组压力开关直接启动。

（17）《喷规》GB 50084—2017 第 11.0.4 条规定，消防水泵除具有自动控制启动方式外，还应具备下列启动方式：

①消防控制室（盘）远程控制；

②消防水泵房现场应急操作。

（18）《喷规》GB 50084—2017 第 11.0.5 条规定，预作用装置的自动控制可采用仅由火灾自动报警系统直接控制，或由火灾自动报警系统和充气管道上设置的压力开关控制，并应符合下列要求：

①处于准工作状态时严禁误喷的场所，宜采用仅由火灾自动报警系统直接控制的预作用系统；

②处于准工作状态时严禁管道充水的场所和用于替代干式系统的场所，宜采用由火灾自动报警系统和充气管道上设置的压力开关控制的预作用系统。

（19）《喷规》GB 50084—2017 第 11.0.6 条规定，雨淋报警阀的自动控制方式可采用电动、液（水）动或气动。当雨淋报警阀采用充液（水）传动管自动控制时，闭式喷头与雨淋报警阀之间的高程差应根据雨淋报警阀的性能确定。

（20）《喷规》GB 50084—2017 第 11.0.7 条规定，预作用系统、雨淋系统和自动控制的水幕系统应同时具备下列三种开启报警阀组的控制方式：

①自动控制；

②消防控制室（盘）远程控制；

③预作用装置或雨淋报警阀处现场手动应急操作。

（21）《喷规》GB 50084—2017 第 11.0.8 条规定，当建筑物整体采用湿式系统，局部场所采用预作用系统保护且预作用系统串联接入湿式系统时，除应符合本规范第 11.0.1 条的规定外，预作用装置的控制方式还应符合本规范第 11.0.7 条的规定。

（22）《喷规》GB 50084—2017 第 11.0.9 条规定，快速排气阀入口前的电动阀应在启动消防水泵的同时开启。

（23）《喷规》GB 50084—2017 第 11.0.10 条规定，消防控制室（盘）应能显示水流指示器、压力开关、信号阀、消防水泵、消防水池和水箱水位、有压气体管道气压，以及电源和备用动力等是否处于正常状态的反馈信号，并应能控制消防水泵、电磁阀、电动阀等的操作。

52 设置干式消火栓的相关规定

规范对设置干式消火栓做了若干规定，现归纳总结如下。

（1）《消水规》GB 50974—2014 第 7.1.3 条规定，室内环境温度低于 4 ℃或高于 70 ℃的场所，宜采用干式消火栓系统。

此条规定了在何种情况下采用干式消火栓。

（2）《消水规》GB 50974—2014 第 7.1.4 条规定，建筑高度不大于 27 m 的多层住宅建筑设置室内湿式消火栓系统确有困难时，可设置干式消防竖管。

需要注意的是，干式消防竖管不是干式消火栓系统，但由于其不同于平时充水的消火栓系统，故暂且列于此处，特此说明。

（3）《消水规》GB 50974—2014 第 7.1.5 条规定，严寒、寒冷等冬季结冰地区城市隧道和其他构筑物的消火栓系统，应采取防冻措施，并宜采用干式消火栓系统和干式室外消火栓。

（4）《消水规》GB 50974—2014 第 7.1.6 条规定，干式消火栓系统的充水时间不应大于 5 min，并应符合下列规定：

①在供水干管上宜设干式报警阀、雨淋阀或电磁阀、电动阀等快速启闭装置，当采用电动阀时开启时间不应超过 30 s；

②当采用雨淋阀、电磁阀和电动阀时，在消火栓箱处应设置直接开启快速启闭装置的手动按钮；

③在系统管道的最高处应设置快速排气阀。

（5）《消水规》GB 50974—2014 第 7.2.1 条规定，市政消火栓宜采用地上式室外消火栓；在严寒、寒冷等冬季结冰地区宜采用干式地上式室外消火栓，严寒地区宜增设消防水鹤。当采用地下式室外消火栓时，地下消火栓井的直径不宜小于 1.5 m，且当地下式室外消火栓的取水口在冰冻线以上时，应采取保温措施。

（6）《消水规》GB 50974—2014 第 7.4.13 条规定，建筑高度不大于 27 m 的住宅，当设置消火栓时，可采用干式消防竖管，并应符合下列规定：

①干式消防竖管宜设置在楼梯间休息平台，且仅应配置消火栓栓口；

②干式消防竖管应设置消防车供水接口；

③消防车供水接口应设置在首层便于消防车接近和安全的地点；

④竖管顶端应设置自动排气阀。

与（2）同样需要注意的是，干式消防竖管不是干式消火栓系统，但由于其不同于平时充水的消火栓系统，故暂且列于此处。

（7）《消水规》GB 50974—2014 第 11.0.19 条规定，消火栓按钮不宜作为直接启动消防水泵的开关，但可作为发出报警信号的开关或启动干式消火栓系统的快速启闭装置等。

53 干式消火栓的启动和系统控制问题

《消水规》GB 50974—2014 第 7.1.3 条、第 7.1.5 条、第 7.2.1 条规定了哪些场所和情况需要设置干式消火栓系统。

（1）《消水规》GB 50974—2014 第 7.1.3 条规定，室内环境温度低于 4 ℃或高于 70 ℃的场所，宜采用干式消火栓系统。

（2）《消水规》GB 50974—2014 第 7.1.5 条规定，严寒、寒冷等冬季结冰地区城市隧道和其他构筑物的消火栓系统，应采取防冻措施，并宜采用干式消火栓系统和干式室外消火栓。

（3）《消水规》GB 50974—2014 第 7.2.1 条规定，市政消火栓宜采用地上式室外消火栓；在严寒、寒冷等冬季结冰地区宜采用干式地上式室外消火栓，严寒地区宜增设消防水鹤。当采用地下式室外消火栓时，地下消火栓井的直径不宜小于 1.5 m，且当地下式室外消火栓的取水口在冰冻线以上时，应采取保温措施。

干式消火栓系统的原理如图 53-1 所示。

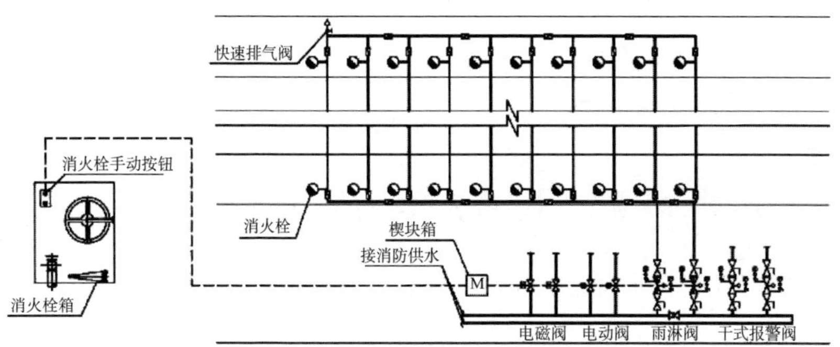

图 53-1　干式消火栓系统的原理

干式消火栓系统所采用的消火栓箱、消防水池、高位消防水箱、稳压设备和消火栓系统的水量计算等均与湿式消火栓系统完全相同，不同之处是干式消火栓系统的启动方式与湿式消火栓系统不同。在干式消火栓系统的入户供水干管上，需要设置干式报警阀、雨淋阀、电磁阀、电动阀（这四种阀门前的管道与湿式系统完全相同，且平时充满有压水）；管网高处设置快速排气阀，管网最低处设置泄水阀。

干式消火栓系统的工作原理是：当发生火灾时，救火人员通过设置于消火栓箱内的手动按钮启动消防水泵，同时联动打开雨淋阀、电磁阀或电动阀，此时管网开始充水，干式系统转变为湿式系统。当系统采用干式报警阀时，如同干式自动喷淋系统，平时管网通过空压机充有压气体，当灭火器开启时，系统开始排气，管网压力降低，干式报警阀自动开启向管网冲水。这种方式的优点是，干式报警阀的开启不需要电气联动控制。干式报警阀上的压力开关应同时具备直接自动启动消防水泵的功能。

若想实现冬季干式、其他季节湿式的消火栓系统，可以在设置电动阀的位置设置旁通管，旁通管上设信号阀。冬季时，关闭此信号阀，系统通过泄水阀放空，整个系统为干式系统；其他季节时，打开此信号阀，则整个系统为湿式系统。

54 几种典型民用建筑室内、外消防用水量的计算

（1）住宅与非商业服务网点合建在一起的建筑。此种建筑上部一般为住宅，下部可能为商业（非商业服务网点）、办公等建筑。

《建火规》GB 50016—2014（2018 年版）第 5.4.10 条第 3 款规定，住宅部分和非住宅部分的安全疏散、防火分区和室内消防设施配置，可根据各自的建筑高度分别按照本规范有关住宅建筑和公共建筑的规定执行；该建筑的其他防火设计应根据建筑的总高度和建筑规模按本规范有关公共建筑的规定执行。

该条文的条文说明中明确，对于此种建筑，其住宅部分按住宅部分的高度计算室内消火栓用水量，其非住宅部分按非住宅部分的高度或者体积计算室内消火栓、自动喷淋用水量，两者比较后取大值作为整座建筑的室内消火栓用水量；而该建筑的室外消火栓用水量，则应按建筑的总高度计算。至于各自高度和总高度的确定，需查看规范的名词解释和附录或咨询建筑专业人员。

（2）住宅与商业服务网点合建在一起的建筑。这种建筑整体定性为住宅，所以其室内、外消火栓和自动喷淋的设计均按整体为住宅建筑考虑。这种建筑比较简单，不再赘述。

（3）多层综合楼建筑，即有多种功能（如旅馆、办公、商业等）组合在一起的多层公共建筑。

这种建筑的室内消火栓用水量计算在现行的《建火规》GB 50016—2014（2018 年版）和《消水规》GB 50974—2014 这两个消防规范中均没有说明，但是在国家标准图集《〈消防给水及消火栓系统技术规范〉图示》（15S909）第 14 页有说明。由图集的说明可知，这种建筑在计算室内消火栓用水量时，应取全部建筑体积和总高度，分别按不同功能查《消水规》GB 50974—2014 表 3.3.2 中的流量，选取最大值作为消防水量。

至于多层综合楼建筑的室外消火栓用水量，由于《消水规》GB 50974—2014 表 3.3.2 不涉及具体功能，所以只需按《消水规》GB 50974—2014 表 3.3.2 查表即可。

（4）上部是住宅、下部是商业（非商业服务网点）的多层建筑既符合第（1）条的内容，也符合第（3）条的内容，笔者认为其室内消火栓的计算应按第（1）条的内容进行。首先，第（1）条中明确是住宅和其他功能的建筑合建的建筑，故包括上部住宅和下部商业（非商业服务网点）合建的建筑；其次，第（1）条为《建筑设计防火规范》的规定，而《建筑设计防火规范》是各设计防火规范的母规范。

55 关于住宅底部的商业服务网点是否设置喷淋系统的问题

《建火规》GB 50016—2014（2018 年版）第 5.4.11 条规定，（商业服务网点中）每个分隔单元内的任一点至最近直通室外的出口的直线距离不应大于本规范表 5.5.17 中有关多层其他建筑位于袋形走道两侧或尽端的疏散门至最近安全出口的最大直线距离[①]。

查《建火规》GB 50016—2014（2018 年版）表 5.5.17 后得知该最大直线距离为 22 m。又根据《建火规》GB 50016—2014（2018 年版）第 5.5.17 条的注 3 得知，建筑物内全部设置自动喷水灭火系统时，其安全疏散距离可按本表的规定增加 25%。所以该最大直线距离为 22×（1+25%）=27.5 m。

通过以上的分析知道：当商业服务网点中每个分隔单元内的任一点至最近直通室外的出口的直线距离大于 22 m 时，就不符合《建火规》GB 50016—2014（2018 年版）5.4.11 条的要求，而如果设置了自动喷淋系统，该直线距离就可以增大到 27.5 m。所以，当商业服务网点中最不利点到最近直通室外的出口的直线距离不大于 22 m 时，可以不设自动喷淋系统；当直线距离大于 22 m、小于 27.5 m 时，应当设自动喷淋系统；当直线距离大于 27.5 m 时，即使设了自动喷淋系统，该商业服务网点也不符合《建火规》GB 50016—2014（2018 年版）的防火要求，此时需要配合建筑专业修改建筑平面设计。

另外，需要特别说明的是，商业服务网点是个专业名词，在《建火

① 室内楼梯的距离可按其水平投影长度的 1.5 倍计算。

规》GB 50016—2014（2018 年版）第 2.1.4 条中有明确的规定，是设置在住宅建筑的首层或首层及二层，每个分隔单元建筑面积不大于 300 m² 的商店、邮政所、储蓄所、理发店等小型营业性用房。

该条文对商业服务网点有明确的规定，除此以外的商业场所均不属于商业服务网点。另外，对于设计中经常出现的设置在住宅楼底部的、符合商业服务网点特点的物业管理用房，由于在定义中未出现物业管理用房一词，所以符合商业服务网点特点的物业管理用房是否属于商业服务网点，有待商榷。笔者认为，由于物业管理用房的火灾危险性较商店、邮政所、储蓄所、理发店等小，从某种角度说，其也属于物业公司的营业性用房，故可归入商业服务网点考虑。

参考文献

[1]《房屋建筑与市政工程勘察设计及审查常见问题分析与对策》编委会. 房屋建筑与市政工程勘察设计及审查常见问题分析与对策[M]. 北京：中国建筑工业出版社，2018.

56　湿式、干式、预作用自动喷淋系统各部件的功能和工作原理

☞ 问题 1　湿式自动喷淋系统各部件的功能和工作原理

（1）湿式自动喷淋系统的定义：处于准工作状态时配水管道内充满用于启动系统的有压水的闭式系统（在准工作状态下湿式报警阀前、后均充满有压水）。

（2）图 56-1 为湿式自动喷淋系统，各部件的功能说明如下。

①闭式喷头：火灾发生时，开启出水灭火。

②水流指示器：水流动时，输出电信号，指示火灾区域。电信号将显示在消防控制室的大屏幕上，从而告诉值班人员着火位置。

③湿式报警阀：系统控制阀，开启时可输出报警水流信号。

④信号阀：位于每个水流指示器前和每个湿式报警阀前，当信号阀关闭时输出电信号。由于自动喷淋系统为全自动灭火系统，故系统中不应有关闭的阀门，为了防止人员误操作导致阀门关闭，信号阀关闭时会输出电信号，告诉值班人员及时打开关闭的信号阀。也就是说，信号阀均是常开的。

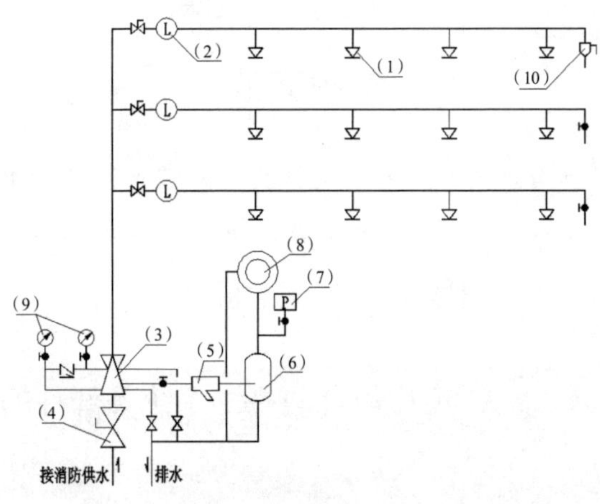

图 56-1 湿式自动喷淋系统

⑤过滤器：过滤水中的杂质。

⑥延迟器：延迟报警，避免由水压变化引起的误报警。

⑦压力开关：报警阀开启时，发出电信号，并启动消防水泵。

⑧水力警铃：报警阀开启时，依靠水流发出声响信号。

⑨压力表:报警阀前、后各一个,分别显示报警阀上、下部的水压。

⑩末端试水装置:试验末端水压和系统联动功能。

其余部件的功能不做介绍。

(3)湿式自动喷淋系统的工作原理如下。

火灾发生时,热量上升,导致喷头玻璃爆裂,管道内的有压水从喷头喷出,管道内的水开始迅速流动,此时,水流指示器输出电信号,指示火灾区域;同时,湿式报警阀由于阀前、阀后的压力差而自动打开;同时,水力警铃由于水流动而发出报警铃声;同时,湿式报警阀上的压力开关由于管网内的压力变化而动作,发出启动消防水泵的电信号,从而控制消防水泵开启;同时,高位水箱出水管上的流量开关和消防水泵出水管上的压力开关由于水流流动和管道压力变化而动作,发出启动消防水泵的电信号。

☞ 问题 2　干式自动喷淋系统各部件的功能和工作原理

(1)干式自动喷淋系统的定义:处于准工作状态时配水管道内充满用于启动系统的有压气体的闭式系统(在准工作状态下干式报警阀前为有压水,干式报警阀后为有压气体)。

(2)图 56-2 为干式自动喷淋系统,各部件的功能说明如下。

①闭式喷头:火灾发生时,开启后先排气,待管道充水后再出水灭火。

②水流指示器:水流动时,输出电信号,指示火灾区域。电信号将被显示在消防控制室的大屏幕上,从而告诉值班人员着火位置。

③干式报警阀:系统控制阀,开启时可输出报警水流信号。

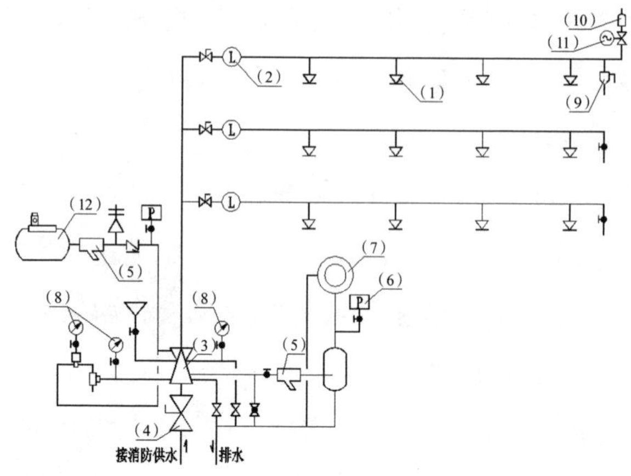

图 56-2 干式自动喷淋系统

④信号阀:位于每个水流指示器前和每个干式报警阀前,当信号阀关闭时输出电信号。由于自动喷淋系统为全自动灭火系统,故系统中不应有关闭的阀门,为了防止人员误操作导致阀门关闭,信号阀关闭时会输出电信号,告诉值班人员及时打开关闭的信号阀。也就是说,信号阀均是常开的。

⑤过滤器:过滤水或气中的杂质。

⑥压力开关:报警阀开启时,发出电信号,并启动消防水泵。

⑦水力警铃:报警阀开启时,依靠水流发出声响信号。

⑧压力表:显示水压或气压。

⑨末端试水装置:试验末端水压和系统联动功能。

⑩快速排气阀:在干式报警阀打开后帮助系统排气。

⑪快速排气阀前的电动阀:平时关闭,在干式报警阀打开后,开启以便排气。

⑫空压机:供给系统压缩空气。

其余部件的功能不做介绍。

(3)干式自动喷淋系统的工作原理如下。

火灾发生时,热量上升,导致喷头玻璃爆裂,管道内的有压气体从喷头喷出,由于管道内的气体压力下降,导致干式报警阀打开,干式报警阀前的水通过干式报警阀进入系统管道,整个系统转为湿式系统,此时,水流指示器输出电信号,指示火灾区域;同时,水力警铃由于水流动而发出报警铃声;同时,快速排气阀前的电动阀自动打开,帮助系统排气;同时,干式报警阀上的压力开关由于管网内的压力变化而动作,发出启动消防水泵的电信号,从而控制消防水泵开启;同时,高位水箱出水管上的流量开关和消防水泵出水管上的压力开关由于水流流动和管道压力变化而动作,发出启动消防水泵的电信号。

☞ 问题 3　预作用自动喷淋系统各部件的功能和工作原理

(1)预作用自动喷淋系统的定义:处于准工作状态时配水管道内不充水,发生火灾时由火灾自动报警系统、充气管道上的压力开关连锁控制预作用装置和启动消防水泵,向配水管道供水的闭式系统(在准工作状态下预作用式报警阀前为有压水,预作用报警阀后为无压气体或有压气体,预作用报警阀后不充有压气体的系统为单连锁系统,充有压气体的系统为双连锁系统)。

(2)图 56-3 为预作用自动喷淋系统,各部件的功能说明如下。

①闭式喷头:火灾发生时,开启出水灭火。

②水流指示器:水流动时,输出电信号,指示火灾区域。电信号将显示在消防控制室的大屏幕上,从而告诉值班人员着火位置。

③预作用报警阀:控制系统进水,开启时可输出报警水流信号。

(与湿式、干式报警阀不同的是,预作用报警阀上设有电磁阀,以便和电气专业的火灾自动报警系统联动,从而控制预作用报警阀开启)

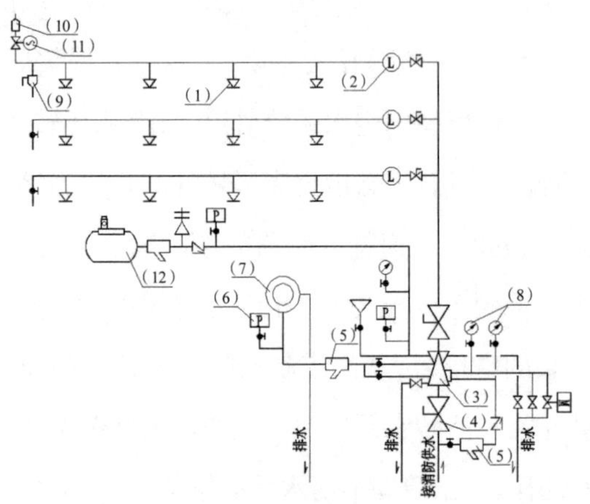

图 56-3 预作用自动喷淋系统

④信号阀:位于每个水流指示器前和每个预作用报警阀前,当信号阀关闭时输出电信号。由于自动喷淋系统为全自动灭火系统,故系统中不应有关闭的阀门,为了防止人员误操作导致阀门关闭,信号阀关闭时会输出电信号,告诉值班人员及时打开关闭的信号阀。也就是说,信号阀均是常开的。

⑤过滤器:过滤水或气中的杂质。

⑥压力开关:报警阀开启时,发出电信号,并启动消防水泵。

⑦水力警铃:报警阀开启时,依靠水流发出声响信号。

⑧压力表:显示水压或气压。

⑨末端试水装置:试验末端水压和系统联动功能。

⑩快速排气阀:在预作用报警阀打开后帮助系统排气。

⑪快速排气阀前的电动阀:平时关闭,在预作用报警阀打开后,开启以便排气(当系统内充有压气体时,才需要在快速排气阀前设电动阀)。

⑫空压机:供给系统压缩空气(当系统内充有压气体时,才需要设空压机)。

其余部件的功能不做介绍。

(3)预作用自动喷淋系统的工作原理如下。

①单连锁预作用自动喷淋系统工作原理如下。

单连锁预作用自动喷淋系统处于准工作状态时管道内不需充有压气体,所以不需要设置空压机。平时管道内为常压空气。当火灾发生时,电气专业的火灾自动报警系统探测到火灾,于是向预作用报警阀上的电磁阀发出指令,预作用报警阀上的电磁阀打开,阀前的水源源不断地进入阀后的管道系统,整个系统转变为湿式系统。当电气专业的火灾自动报警系统发生误操作时,闭式喷头由于未起火所以不会爆裂,故不会由于火灾自动报警系统的误操作而发生误喷;但水力警铃会发出报警声,预作用报警阀上的压力开关会由于有压力变化而启动消防水泵。当火灾发生时,由于整个系统已经转变为湿式系统,故后续的动作跟前面所论述的湿式系统的工作原理相同。

还有一种情况是,管道内虽然充有压气体,但有压气体仅用于管道的严密性检测,不是用于靠充气管道内气体压力的变化来启动消防水泵的。这种情况虽然管道内也充有压气体,但仍可以看成单连锁自动喷淋系统的一种特殊形式。

所谓的单连锁预作用自动喷淋系统,即仅靠电气专业的火灾自动报警系统连锁控制预作用报警阀开启的系统。目前国内的预作用自动喷淋系统绝大部分为单连锁系统。

②双连锁预作用自动喷淋系统的工作原理如下。

双连锁预作用自动喷淋系统需要设空压机,处于准工作状态时管道内需要通过空压机充有压气体。若灭火管网密封不严,造成管网气体泄漏,空压机会及时补充气体,并可及时让专业人员检查维修。当火灾发生时,不仅如前面所述的单连锁系统那样,电气专业的火灾自动报警系统探测到火灾并自动打开预作用报警阀上的电磁阀,使整个系统转变为湿式系统,而且即使电气专业的火灾自动报警系统未响应,由于热量使喷头爆裂,管道内的压力随着有压气体的排放而减小,此时预作用报警阀前后的压力差变大,报警阀筏板被顶开,阀前的水源源不断地进入阀后的管道系统,并从喷头喷出灭火;同时,水流指示器输出电信号,指示火灾区域;同时,水力警铃由于水流动而发出报警铃声;同时,快速排气阀前的电动阀自动打开,帮助系统排气;同时,预作用报警阀上的压力开关由于管网内的压力变化而动作,发出启动消防水泵的电信号,从而控制消防水泵开启;同时,高位水箱出水管上的流量开关和消防水泵出水管上的压力开关由于水流流动和管道压力变化而动作,发出启动消防水泵的电信号。

所谓的双连锁预作用自动喷淋系统,即不仅靠电气专业的火灾自动报警系统连锁控制预作用报警阀开启,也可像干式系统那样靠系统排气导致预作用报警阀前后的压力差减小而自动使预作用报警阀开启的系统。

③预作用自动喷淋系统(无论单连锁还是双连锁)由于靠电气专

业的火灾自动报警系统启动报警阀和开启水泵，故灵敏性优于湿式和干式自动喷淋系统，没有湿式自动喷淋系统误喷导致财产损失的缺点和干式自动喷淋系统喷水迟缓的缺点。从系统的简单性考虑，推荐采用单连锁系统。

参考文献

[1] 黄晓家，姜文源. 自动喷水灭火系统设计手册[M]. 北京：中国建筑工业出版社，2002.

[2] 中国建筑标准设计研究院. 自动喷水灭火设施安装：20S206[S]. 北京：中国计划出版社，2020.

57　设置通透性吊顶时喷头的做法

☞ 问题 1　当通透性吊顶的通透面积占吊顶总面积的比例大于 70% 时喷头的设置

（1）根据《喷规》GB 50084—2017 第 7.1.13 条，装设网格、栅板类通透性吊顶的场所，当通透面积占吊顶总面积的比例大于 70%时，喷头应设置在吊顶上方，并符合下列规定：

①通透性吊顶开口部位的净宽度不应小于 10 mm，且开口部位的厚度不应大于开口的最小宽度；

②喷头间距和溅水盘与吊顶上表面的距离应符合表 57-1 的规定。

表 57-1 通透性吊顶场所喷头布置要求

火灾危险等级	喷头间距 S(m)	喷头溅水盘与吊顶上表面的最小距离(mm)
轻危险级、中危险级Ⅰ级	$S \leqslant 3.0$	450
	$3.0 < S \leqslant 3.6$	600
	$S > 3.6$	900
中危险级Ⅱ级	$S \leqslant 3.0$	600
	$S > 3.0$	900

本条文规定了当通透性吊顶的通透面积占吊顶总面积的比例大于70%时喷头的布置方式。在轻危险级和中危险级建筑中,敞开式格栅吊顶设于喷头之下,喷头应布置在屋面板下,此时喷头采用上喷形式,见图 57-1。

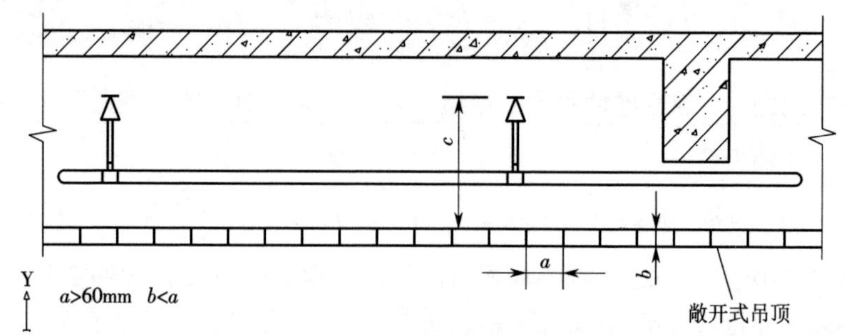

图 57-1 设置吊顶场所的喷头布置示意

(2)根据《喷规》GB 50084—2017 第 5.0.13 条,装设网格、栅板类通透性吊顶的场所,系统的喷水强度应按本规范表 5.0.1、表 5.0.4-1~表 5.0.4-5 规定值的 1.3 倍确定,且喷头布置应按本规范第 7.1.13 条的规定执行。

本条文规定了当在通透性格栅吊顶上方布置喷头时,系统的喷水强度应增大,以补偿由吊顶遮挡所带来的喷水强度降低。

☞ 问题 2　当通透性吊顶的通透面积占吊顶总面积的比例小于 70% 时喷头的设置

装设网格、栅板类通透性吊顶的场所，当通透面积占吊顶总面积的比例小于 70%时，建议将网格、栅板类通透性吊顶视为宽度大于 1.2 m 的障碍物。根据《喷规》GB 50084—2017 第 7.2.3 条“当梁、通风管道、成排布置的管道、桥架等障碍物的宽度大于 1.2 m 时，其下方应增设喷头（图 7.2.3）；采用早期抑制快速响应喷头和特殊应用喷头的场所，当障碍物宽度大于 0.6 m 时，其下方应增设喷头”的要求，在吊顶内布置上喷喷头的同时，在通透性吊顶下增设洒水喷头。

根据《喷规》GB 50084—2017 第 7.1.10 条，挡水板应为正方形或圆形金属板，其平面面积不宜小于 0.12 m^2，周围弯边的下沿宜与洒水喷头的溅水盘平齐。第 2 款规定，宽度大于本规范第 7.2.3 条的规定的障碍物，增设的洒水喷头上方有孔洞、缝隙时，可在洒水喷头的上方设置挡水板。

第 7.1.10 条规定了喷头在设置挡水板时，应注意规范对于挡水板的要求，即“平面面积不宜小于 0.12 m^2，周围弯边的下沿宜与洒水喷头的溅水盘平齐”，见图 57-2。

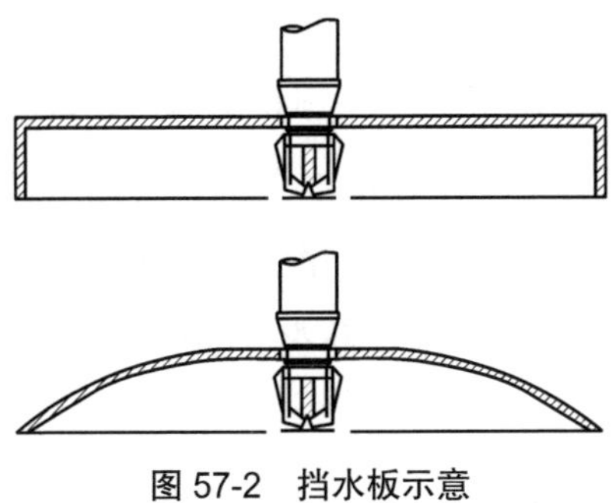

图 57-2　挡水板示意

基于此要求，建议增设的喷头和其挡水板均设置于吊顶下，以达到“周围弯边的下沿宜与洒水喷头的溅水盘平齐”的要求。

参考文献

[1] 黄晓家，姜文源. 自动喷水灭火系统设计手册[M]. 北京：中国建筑工业出版社，2002.

58　闭式防护冷却系统的相关规定

闭式防护冷却系统是新版《喷规》GB 50084—2017 中出现的一种防护冷却系统。它与防护冷却水幕不是一种系统。规范中对于闭式防护冷却系统做了若干规定，归纳总结如下。

（1）根据《喷规》GB 50084—2017 第 2.1.12 条，防护冷却系统由闭式洒水喷头、湿式报警阀组等组成，是发生火灾时用于冷却防火卷帘、防火玻璃墙等防火分隔设施的闭式系统。此条为防护冷却系统的定义。

由其条文说明可知，防护冷却系统就是一种湿式系统，其组件如水流指示器、信号阀、末端试水装置、湿式报警阀等，均和其他湿式系统有一样的要求。并且防护冷却系统也应按照防火分区进行设计，不同的防火分区、不同楼层应分别设置水流指示器。也就是说，它需要遵守其他湿式系统所需要遵守的一切规定。

（2）《喷规》GB 50084—2017 第 5.0.15 条规定，当采用防护冷却系统保护防火卷帘、防火玻璃墙等防火分隔设施时，系统应独立设置，且应符合下列要求。

①喷头设置高度不应超过 8 m；当设置高度为 4 ~8 m 时，应采用快速响应洒水喷头。

②喷头设置高度不超过 4 m 时，喷水强度不应小于 0.5 L/(s · m)；当超过 4 m 时，每增加 1 m，喷水强度应增大 0.1 L/(s·m)。

③喷头的设置应确保喷洒到被保护对象后布水均匀，喷头间距应为 1.8 ~2.4 m；喷头溅水盘与防火分隔设施的水平距离不应大于 0.3 m，与顶板的距离应符合本规范第 7.1.15 条的规定。

④持续喷水时间不应短于系统设置部位的耐火极限。

(3)《喷规》GB 50084—2017 第 6.1.6 条规定，自动喷水防护冷却系统可采用边墙型洒水喷头。

本条规定了闭式防护冷却系统所采用的喷头类型。

(4)《喷规》GB 50084—2017 第 7.1.17 条规定，当防火卷帘、防火玻璃墙等防火分隔设施需采用防护冷却系统保护时，喷头应根据可燃物的情况一侧或两侧布置；外墙可只在需要保护的一侧布置。

(5)《喷规》GB 50084—2017 第 9.1.4 条规定，保护防火卷帘、防火玻璃墙等防火分隔设施的防护冷却系统的设计流量应按计算长度内的喷头同时喷水的总流量确定。计算长度应符合下列要求：

① 当设置场所设有自动喷水灭火系统时，计算长度不应小于本规范第 9.1.2 条确定的长边长度；

② 当设置场所未设置自动喷水灭火系统时，计算长度不应小于任意一个防火分区内所有需保护的防火分隔设施的长度之和。

此条规定了防护冷却系统设计流量的计算方法。

59 仓库消防系统的设计问题

随着国民经济的发展,我国的物流行业发展迅速,随之而来各种仓库建筑大量兴建,不仅在物流行业,还在港口、机场等领域得到了不断推广和应用。本书主要探讨仓库(包括设有高货架的高架仓库)的消防系统如何设计和设计时需要注意的问题,不涉及仓库的火灾危险性如何定性(甲、乙、丙、丁、戊)的问题。

在仓库的给排水专业设计中,对于消防系统来说,最复杂的往往是丙类仓库。因为甲、乙类仓库所存物质属于易燃易爆危险品,所以往往不能建设高度、面积过大的仓库进行存储,且甲、乙类仓库一般由专业院设计,民用院很少涉及此类建筑物,这样一来,丙类仓库就是消防系统设计最复杂、危险性也较高的仓库了(丁、戊类仓库的火灾危险性低于丙类仓库)。

☞ 问题 1 有关仓库的规定

在《建火规》GB 50016—2014(2018 年版)中,与给排水专业有关的关于仓库的规定有如下条文。

(1)第 2.1.5 条规定,高架仓库是货架高度大于 7 m 且采用机械化操作或自动化控制的货架仓库。

高架仓库是仓库的一种。有些净空较高的仓库内无货架,或者货架高度小于 7 m,就不是高架仓库。

(2)第 3.1.4 条规定,同一座仓库或仓库的任一防火分区内储存不同火灾危险性物品时,仓库或防火分区的火灾危险性应按火灾危险性最大的物品确定。

（3）第 3.1.5 条规定，丁、戊类仓库的火灾危险性，当可燃包装重量大于物品本身重量的 1/4 或可燃包装体积大于物品本身体积的 1/2 时，应按丙类确定。

（4）第 3.3.3 条规定，仓库内设置自动灭火系统时，除冷库的防火分区外，每座仓库的最大允许占地面积和每个防火分区的最大允许建筑面积可按本规范第 3.3.2 条的规定增大 1.0 倍。

（5）第 3.6.12 条规定，甲、乙、丙类液体仓库应设置防止液体流散的设施。遇湿会发生燃烧爆炸的物品仓库应采取防止水浸渍的措施。

（6）第 8.1.2 条规定，民用建筑、厂房、仓库、储罐（区）和堆场周围应设置室外消火栓系统。

（7）第 8.1.10 条规定，厂房、仓库、储罐（区）和堆场应设置灭火器。

（8）第 8.2.1 条第 1 款规定，建筑占地面积大于 300 m² 的厂房和仓库（应设置室内消火栓系统）。

（9）第 8.2.2 条规定，本规范第 8.2.1 条未规定的建筑或场所和符合本规范第 8.2.1 条规定的下列建筑或场所，可不设置室内消火栓系统，但宜设置消防软管卷盘或轻便消防水龙。

①耐火等级为一、二级且可燃物较少的单、多层丁、戊类厂房（仓库）。

②耐火等级为三、四级且建筑体积不大于 3 000 m³ 的丁类厂房；耐火等级为三、四级且建筑体积不大于 5 000 m³ 的戊类厂房（仓库）。

③粮食仓库、金库、远离城镇且无人值班的独立建筑。

④存有与水接触能引起燃烧爆炸的物品的建筑。

⑤室内无生产、生活给水管道，室外消防用水取自储水池且建筑体积不大于 5 000 m³ 的其他建筑。

（10）第 8.3.2 条规定，除本规范另有规定和不宜用水保护或灭火的仓库外，下列仓库应设置自动灭火系统，并宜采用自动喷水灭火系统：

①每座占地面积大于 1 000 m² 的棉、毛、丝、麻、化纤、毛皮及其制品的仓库[①]；

②每座占地面积大于 600 m² 的火柴仓库；

③邮政建筑内建筑面积大于 500 m² 的空邮袋库；

④可燃、难燃物品的高架仓库和高层仓库；

⑤设计温度高于 0 ℃的高架冷库，设计温度高于 0 ℃且每个防火分区建筑面积大于 1 500 m² 的非高架冷库；

⑥总建筑面积大于 500 m² 的可燃物品地下仓库；

⑦每座占地面积大于 1 500 m² 或总建筑面积大于 3 000 m² 的其他单层或多层丙类物品仓库。

（11）第 8.3.5 条规定，根据本规范的要求难以设置自动喷水灭火系统的展览厅、观众厅等人员密集的场所和丙类生产车间、库房等高大空间场所，应设置其他自动灭火系统，并宜采用固定消防炮等灭火系统。

（12）第 8.3.7 条第 3 款规定，建筑面积大于 60 m² 或储存量大于 2 t 的硝化棉、喷漆棉、火胶棉、赛璐珞胶片、硝化纤维的仓库（应设置雨淋自动喷水灭火系统）；第 4 款规定，日装瓶数量大于 3 000 瓶的液化石

---

① 单层占地面积不大于 2 000 m² 的棉花库房可不设置自动喷水灭火系统。

油气储配站的灌瓶间、实瓶库(应设置雨淋自动喷水灭火系统)。

☞ 问题 2　设计问题说明

下面以丙类仓库为例对设计时需注意的问题进行说明。

(1)由《建火规》GB 50016—2014(2018 年版)第 8.1.2 条知,丙类仓库应设置室外消火栓系统;由第 8.2.1 条第 1 款知,丙类仓库应设置室内消火栓系统;由第 8.1.10 条知,丙类仓库应设置灭火器;由第 8.3.2 条第 4 款知,丙类高架仓库和高层仓库应设置自动喷水灭火系统;由第 8.3.5 条知,当难以设置自动喷水灭火系统时,丙类高大空间仓库应设置其他自动灭火系统,并宜采用固定消防炮等灭火系统。

(2)丙类仓库火灾次数、火灾延续时间的确定和室内外消火栓系统用水量的计算。

①《消水规》GB 50974—2014 第 3.1.1 条第 3 款规定,(工厂、仓库、堆场、储罐区或民用建筑的室外消防用水量,应按同一时间内的火灾起数和一起火灾灭火所需室外消防用水量确定。)仓库和民用建筑同一时间内的火灾起数应按一起确定。

②丙类仓库的室内外消火栓系统用水量应根据仓库的体积和火灾危险性,并按照《消水规》GB 50974—2014 第 3.3.2 条和第 3.5.2 条中的表格确定。

③ 由《消水规》GB 50974—2014 第 3.6.2 条知,丙类仓库的消火栓系统火灾延续时间应为 3 h。

④《消水规》GB 50974—2014 第 3.6.3 条规定,自动喷水灭火系统、泡沫灭火系统、水喷雾灭火系统、固定消防炮灭火系统、自动跟踪定位射流灭火系统等水灭火系统的火灾延续时间,应分别按现行国家标

准《自动喷水灭火系统设计规范》GB 50084、《泡沫灭火系统设计规范》GB 50151、《水喷雾灭火系统设计规范》GB 50219、《固定消防炮灭火系统设计规范》GB 50338 的有关规定执行。由此条可知，丙类仓库的自动喷水灭火系统和其他自动灭火系统的火灾延续时间不一定是 1 h。

（3）丙类仓库高位消防水箱容积的计算和高度由以下规范确定。

①《消水规》GB 50974—2014 第 5.2.1 条第 5 款规定，当工业建筑室内消防给水设计流量小于或等于 25 L/s 时，（临时高压消防给水系统的高位消防水箱的有效容积）不应小于 12 m^3，大于 25 L/s 时不应小于 18 m^3。

②《消水规》GB 50974—2014 第 5.2.2 条第 3 款规定，（高位消防水箱的设置位置应高于其所服务的水灭火设施，且最低有效水位应满足水灭火设施最不利点处的静水压力），工业建筑不应低于 0.10 MPa，当建筑体积小于 20 000 m^3 时，不宜低于 0.07 MPa。

（4）丙类仓库的自动喷水灭火系统火灾危险等级的确定应根据所储存的具体物品种类并按照《喷规》GB 50084—2017 附录 A 的表 A 中的仓库危险级（分为Ⅰ级、Ⅱ级、Ⅲ级）确定。

（5）丙类仓库的自动喷水灭火系统的基本设计参数依据如下。

《喷规》GB 50084—2017 第 5.0.4 条的表 5.0.4-1~5.0.4-5、第 5.0.5 条的表 5.0.5、第 5.0.6 条的表 5.0.6 中规定了在不同的火灾危险等级、不同的储物形式（堆垛、托盘储存或单排、双排、多排货架储存）、不同的最大仓库净空高度、不同的最大储物高度和所选用的喷头不同的情况下，系统喷水强度、作用面积、持续喷水时间的确定。

①介绍几个基本概念。

a. 单排货架的结构是每一列货架只有一排，并且货架之间要留有一定的通道。通道的作用主要是供人或者叉车通行，存储货物更加便捷。单排货架的宽度应不超过 1.8 m，且间隔不应小于 1.1 m。

b. 双排货架和单排货架的区别在于，双排货架一般是以两排货架背靠背的方式陈列的。这种陈列方式的好处在于和单排货架相比大大减小了通道需要的空间，提升了仓库空间的利用率，可以在有限的空间内安装更多的货架用于存储货物。双排货架总宽为 1.8~3.6 m，且间隔不小于 1.1 m。

c. 多排货架也叫可移动式货架，这类货架的陈列方式是多排混合放置，众多货架只需要留出一条通道就可以实现存储货物。货架下有导轨可以供货架移动，相比于单排与双排货架，多排货架进一步节约了通道需要的空间，实现了仓库的多方利用。多排货架为宽度超过 3.6 m，或间距小于 1.1 m 且总宽度大于 3.6 m 的单、双排货架混合放置。

d. 最大净空高度是室内地面到屋面板的垂直距离。顶板为斜面时，应为室内地面到屋脊处的垂直距离。

上述 a~d 条的部分内容摘自《喷规》GB 50084—2017 第 5.0.4 条的条文说明。

②说明一下《喷规》GB 50084—2017 第 5.0.4 条、第 5.0.5 条、第 5.0.6 条和第 5.0.8 条之间的逻辑关系，这几条的逻辑关系如下。

a. 如果丙类仓库的顶板下喷头选用普通喷头（包括 K=80 或 K>80 的喷头）进行控火灭火，那么就需要按照《喷规》GB 50084—2017 第 5.0.4 条来确定系统的基本设计参数。当仓库的净高或最大储物高度

（货架储物）超过第 5.0.4 条中表 5.0.4-1~表 5.0.4-5 的数据时，则应该设置货架内置喷头，且货架内置喷头的设置方式应按照第 5.0.8 条的要求进行设计。需要提醒的是，表 5.0.4-1、表 5.0.4-2、表 5.0.4-5 中有喷水强度为 $A+n$J 的情况，这表示系统应该设置货架内置喷头，A 表示顶板下喷头的喷水强度，而 1J 表示计算系统水量时应增加一排货架内置喷头的喷水量，2J 表示计算系统水量时应增加两排货架内置喷头的喷水量，至于增加哪两排货架内置喷头的洒水量和几个喷头喷水，则应符合第 5.0.8 条的要求。另外，根据《喷规》GB 50084—2017 第 9.1.6 条的规定，对设置货架内置洒水喷头的仓库，顶板下洒水喷头与货架内置洒水喷头应分别计算设计流量，并应按其设计流量之和确定系统的设计流量。

b. 如果丙类仓库的顶板下喷头选用早期抑制快速响应喷头（ESFR 喷头）进行控火灭火，那么就需要按照《喷规》GB 50084—2017 第 5.0.5 条中的表 5.0.5 来确定系统的基本设计参数。需要提醒的是，如果采用 ESFR 喷头，则不能也不需要再设置货架内置喷头，这可以从第 5.0.8 条的条文说明中找到依据。另外，由本规范第 2.1.22 条的名词解释也可以知道，ESFR 喷头主要用于保护堆垛与高架仓库，一般不出现在其他场合。

还需要特别关注的是，只有在符合《喷规》GB 50084—2017 第 4.2.7 条的规定，同时满足第 5.0.5 条中的表 5.0.5 的条件下，才可以采用 ESFR 喷头。另外，采用 ESFR 喷头的系统必须是湿式系统。

c. 如果丙类仓库的顶板下喷头选用仓库型特殊应用喷头进行控火灭火，那么就需要按照《喷规》GB 50084—2017 第 5.0.6 条中的表 5.0.6

来确定系统的基本设计参数。采用此种喷头时，在一般情况下也不需要设置货架内置喷头。

还需要特别关注的是，只有在符合《喷规》GB 50084—2017 第 4.2.8 条的规定，同时满足第 5.0.6 条中的表 5.0.6 的条件下，才可以采用仓库型特殊应用喷头。

d. 另外需要补充的是，表 5.0.4-1~表 5.0.4-5 中的最大净空高度允许到 9 m，表 5.0.5 中的最大净空高度的范围是 3~13.5 m，表 5.0.6 中的最大净空高度的范围是 3~12 m。这就是说，仓库的最大净空高度在这些表中是有重合的，如果仓库的最大净空高度在重合的范围内（比如货架高度为 5.5 m），则采用普通喷头、ESFR 喷头或仓库型特殊应用喷头都是可以的。如果仓库的最大净空高度在 7.5 m 及以上，则要么采用普通喷头加货架内置喷头，要么采用 ESFR 喷头（不能也不需要设货架内置喷头），要么采用仓库型特殊应用喷头。（参见第 5.0.6 条的条文说明第一段最后一句话）

③表 5.0.4-1~表 5.0.4-5 后均有一些小字，里面主要规定了一些具体计算时需要注意的问题，应引起重视，此处不再赘述。

④仓库的喷淋系统的水量一般很大，设计师需要注意管径、水泵参数的选用是否正确。同时仓库内一般不采暖，因此管道和设备的保温也是需要考虑的。

（5）《喷规》GB 50084—2017 第 5.0.7 条规定，设置自动喷水灭火系统的仓库及类似的场所，当采用货架储存时应采用钢制货架，并应采用通透层板，且层板中通透部分的面积不应小于层板总面积的 50%。当采用木制货架或采用封闭层板货架时，其系统设置应按堆垛储物仓库确定。

第 5.0.8 条规定,货架仓库的最大净空高度或最大储物高度超过本规范第 5.0.5 条的规定时,应设货架内置洒水喷头,且货架内置洒水喷头上方的层间隔板应为实层板。货架内置洒水喷头的设置应符合下列规定。

第 1 款:仓库危险级Ⅰ级、Ⅱ级场所应自地面起每 3.0 m 设置一层货架内置洒水喷头,仓库危险级Ⅲ级场所应自地面起每 1.5 ~3.0 m 设置一层货架内置洒水喷头,且最高层货架内置洒水喷头与储物顶部的距离不应超过 3.0 m。

第 2 款:当采用流量系数等于 80 的标准覆盖面积洒水喷头时,工作压力不应小于 0.20 MPa;当采用流量系数等于 115 的标准覆盖面积洒水喷头时,工作压力不应小于 0.10 MPa。

第 3 款:洒水喷头间距不应大于 3 m,且不应小于 2 m;货架内开放洒水喷头的数量不应小于表 59-1 的规定。

第 4 款:设置 2 层及以上货架内置洒水喷头时,洒水喷头应交错布置。

表 59-1 货架内开放洒水喷头的数量

仓库危险级	货架内置洒水喷头的层数		
	1	2	>2
Ⅰ级	6	12	14
Ⅱ级	8	14	
Ⅲ级	10		

注:货架内置洒水喷头超过 2 层时,流量应按最顶层的 2 层计算,且每层开放洒水喷头的数量按本表规定值的 1/2 确定。

第 5.0.7 条和第 5.0.8 条这两个条文中都规定了对仓库内储物货架的要求,很重要。第 5.0.8 条的第 1~4 款规定了货架内置喷头的具体布置要求和计算方法,也应引起足够的重视。

⑥《喷规》GB 50084—2017 第 6.1.1 条表 6.1.1 的最后一栏“仓库”中对设计仓库时选用的三种喷头的允许场所净空高度做了规定,这一规定与前面表 5.0.4-1~表 5.0.4-5、表 5.0.5、表 5.0.6 的规定是完全一致的。

⑦根据《喷规》GB 50084—2017 第 6.3.2 条,仓库内顶板下洒水喷头与货架内置洒水喷头应分别设置水流指示器。

⑧根据《喷规》GB 50084—2017 第 7.1.9 条,货架内置洒水喷头宜与顶板下洒水喷头交错布置,溅水盘与上方层板的距离应符合本规范第 7.1.6 条的规定,与下部储物顶面的垂直距离不应小于 150 mm。

⑨根据《喷规》GB 50084—2017 第 7.1.10 条,挡水板应为正方形或圆形金属板,其平面面积不宜小于 0.12 m^2,周围弯边的下沿宜与洒水喷头的溅水盘平齐。除下列情况和相关规范另有规定外,其他场所或部位不应采用挡水板。

第 1 款:设置货架内置洒水喷头的仓库,当货架内置洒水喷头上方有孔洞、缝隙时,可在洒水喷头的上方设置挡水板;

第 2 款:宽度大于本规范第 7.2.3 条的规定的障碍物,增设的洒水喷头上方有孔洞、缝隙时,可在洒水喷头的上方设置挡水板。

60 气体灭火系统的工作原理和若干知识点

本节不讨论气体灭火系统具体的设计方法和计算方法，而是紧密结合规范内容，重点介绍该系统的工作原理，并对其适用于哪些场所加以归纳与总结。

☞ 三种气体灭火系统的概述

（1）传统的四大固定式灭火系统分别为水、气体、泡沫、干粉灭火系统。本书所讨论的气体灭火系统包括七氟丙烷、IG541 和热气溶胶气体灭火系统，这三种气体灭火系统均是全淹没灭火系统，均不适用于局部应用系统。特别需要指出的是，二氧化碳灭火系统是目前唯一可局部应用的气体灭火系统，不过二氧化碳灭火系统应用较少，不在本书的讨论之列。

所谓全淹没灭火系统，就是在规定的时间内向防护区喷放设计规定用量的灭火剂，并使其均匀地充满整个防护区的灭火系统。其中所说的防护区必须是一个有限封闭的空间。

（2）七氟丙烷是一种单一化学物质气体。

IG541 是由 N_2、Ar、CO_2 三种惰性气体组成的混合气体。

热气溶胶是由固体化学混合物（热气溶胶发生剂）经化学反应生成的具有灭火性质的气溶胶，包括 S 型、K 型和其他型热气溶胶三种。热气溶胶是由氮气（占比 60%以上）和其他气体组成的混合气体。

（3）七氟丙烷和 IG541 既能应用在管网灭火系统中，也能应用在预制灭火系统中；而热气溶胶只能应用在预制灭火系统中。

☞ 气体灭火系统的构成和工作原理

气体灭火系统一般由瓶组、选择阀、喷头、单向阀、集流管、连接管、安全泄压装置、驱动装置、检漏装置、信号反馈装置、低泄高封阀、管路管件等部件构成。

（1）瓶组：一般由容器、容器阀、安全泄压阀、虹吸管、取样口、检漏装置和充装介质等组成，用于储存灭火剂和控制灭火剂的释放。

容器阀又称瓶头阀，安装在容器瓶头部，具有封存、释放、充装、超压泄放等功能。灭火剂瓶组和驱动气体瓶组上均装有容器阀，它们的功能不尽相同。

（2）选择阀：用于组合分配系统，控制灭火剂经管网释放至预定防护区或保护对象。选择阀应与防护区一一对应，其安装位置应靠近储存容器且便于操作。

（3）喷头：用于控制灭火剂的流速和喷射方向的组件。喷头的布置应满足喷放后气体灭火剂在防护区内均匀分布的要求。

（4）单向阀：按安装在管路中的位置可分为灭火剂流通管路单向阀和驱动气体控制管路单向阀。灭火剂流通管路单向阀装于连接管和集流管之间，防止灭火剂从集流管向灭火剂瓶组返流。驱动气体控制管路单向阀装于启动管路上，用来控制气体流动的方向，启动特定的阀门。

（5）集流管：将多个灭火剂瓶组的灭火剂汇集到一起，再分配到各防护区的汇流管路。组合分配系统的集流管应设安全泄压装置。

（6）连接管：可分为容器阀与集流管间连接管和控制管路连接管。

（7）安全泄压装置：可分为灭火剂瓶组安全泄压装置、驱动气体瓶组安全泄压装置和集流管安全泄压装置。

(8)驱动装置:用于驱动容器阀、选择阀动作。

(9)检漏装置:用于检测瓶组内介质的压力或质量损失,包括压力显示器、称重装置和液位测量装置等。

(10)信号反馈装置:安装在灭火剂释放管路上或选择阀上,将灭火剂释放的压力或流量信号转换成电信号,并反馈到控制中心的装置。

气体灭火系统的工作原理是:当防护区发生火灾时,产生烟雾、高温和光辐射,使感烟、感温、感光等探测器探测到火灾信号,探测器将火灾信号转变为电信号传送到报警灭火控制器,控制器自动发出声光报警并经逻辑判断后,启动联动装置,经过一段时间的延时,发出系统启动信号,启动驱动气体瓶组上的容器阀释放驱动气体,打开通向发生火灾的防护区的选择阀,同时打开灭火剂瓶组的容器阀,各瓶组的灭火剂经连接管汇集到集流管,通过选择阀到达安装在防护区内的喷头喷放灭火,同时安装在管道上的信号反馈装置动作,将信号传送到控制器,由控制器启动防护区外的释放警示灯和警铃。

另外,通过压力开关监测系统是否正常工作,若启动指令发出,而压力开关的信号未反馈,则说明系统存在故障,值班人员应在听到事故报警后尽快到储瓶间,手动开启储存容器上的容器阀,实施人工启动灭火。

☞ 关于气体灭火系统设置场所的若干知识点

本部分从规范的角度归纳总结气体灭火系统设置场所的问题,即什么场所可以采用气体灭火系统,什么场所应采用气体灭火系统。

(1)根据《气体灭火系统设计规范》GB 50370—2005 第 3.2.1 条,

气体灭火系统适用于扑救下列火灾[①]：

①电气火灾；

②固体表面火灾；

③液体火灾；

④灭火前能切断气源的气体火灾。

根据第3.2.2条，气体灭火系统不适用于扑救下列火灾：

①硝化纤维、硝酸钠等氧化剂或含氧化剂的化学制品火灾；

②钾、镁、钠、钛、锆、铀等活泼金属火灾；

③氢化钾、氢化钠等金属氢化物火灾；

④过氧化氢、联胺等能自行分解的化学物质火灾；

⑤可燃固体物质的深位火灾。

这两条概括地规定了气体灭火系统适用和不适用的场合。两条的条文说明着重说了如下内容，从实际应用的角度来说，人们愿意接受另外一种更实际的表述方式——气体灭火系统的典型应用场所或对象：

①电器和电子设备；

②通信设备；

③易燃、可燃的液体和气体；

④其它高价值的财产和重要场所（部位）。

这些的确都是气体灭火系统的应用范围，而且是最适宜的。

从这段话可以看出，人们更希望了解哪些具体的场所可以使用气体灭火系统扑救火灾。这一点会在后文中加以总结。

另外，条文说明中也指出，气体灭火系统不适于扑救固体深位火

---

① 除电缆隧道（夹层、井）和自备发电机房外，K型和其他型热气溶胶预制灭火系统不得用于其他电气火灾。

灾；IG541 气体灭火系统不适于扑救主燃料为液体的火灾。

（2）《气体灭火系统设计规范》GB 50370—2005 第 3.2.3 条规定，热气溶胶预制灭火系统不应设置在人员密集场所、有爆炸危险性的场所和有超净要求的场所。K 型和其他型热气溶胶预制灭火系统不得用于电子计算机房、通信机房等场所。

热气溶胶是一种类似于混合气体的多种颗粒状化学物质的混合体，目前各个厂家的各种产品成分不尽相同，有些热气溶胶（如 K 型）喷放后会对电气设备产生损害，所以本条对热气溶胶预制灭火系统不适用的场所做了具体规定。人员密集场所、有爆炸危险性的场所和有超净要求的场所（如制药、芯片加工等处）不应使用热气溶胶预制灭火系统。

（3）关于各种气体灭火系统具体的使用场所，《气体灭火系统设计规范》GB 50370—2005 中的一些条文列举了一些例子，本书摘录下来，作为可以使用气体灭火系统扑救的场所加以总结。

①七氟丙烷可以应用在图书、档案、票据和文物资料库等防护区；可以应用在油浸变压器室、带油开关的配电室和自备发电机房等防护区；可以应用在通信机房和电子计算机房等防护区。

（摘自第 3.3.3 条、第 3.3.4 条、第 3.3.5 条）

②IG541 可以应用于木材、纸张、织物等固体表面火灾；可以应用于通信机房、电子计算机房内的电气设备火灾。

（摘自第 3.4.4 条）

③热气溶胶可以应用于固体表面火灾（S 型和 K 型均可）；可以应用于通信机房和电子计算机房等场所的电气设备火灾（S 型可，K 型不

可）；可以应用于电缆隧道（夹层、井）和自备发电机房火灾（S 型和 K 型均可）。

（摘自第 3.5.2 条、第 3.5.3 条、第 3.5.4 条）

（4）根据《气体灭火系统设计规范》GB 50370—2005 第 3.1.2 条，有爆炸危险的气体、液体类火灾的防护区，应采用惰化设计浓度；无爆炸危险的气体、液体类火灾和固体类火灾的防护区，应采用灭火设计浓度。

本条说明气体灭火系统可用于爆炸危险场所，但并不是说各种爆炸危险场所均可用气体灭火，应视具体情况而定。

（5）《建火规》GB 50016—2014（2018 年版）第 5.4.12 条第 8 款的条文说明指出，本条第 8 款规定了锅炉、变压器、电容器和多油开关等房间设置灭火设施的要求，容量大、规模大的多层建筑和高层建筑需设置自动灭火系统。对于按照规范的要求设置自动喷水灭火系统的建筑，建筑内的燃油、燃气锅炉房等房间也要相应地设置自动喷水灭火系统。未设置自动喷水灭火系统的建筑可以设置推车式 ABC 干粉灭火器或气体灭火器，如规模较大，可设置水喷雾、细水雾或气体灭火系统等。

（6）《建火规》GB 50016—2014（2018 年版）第 5.4.13 条第 6 款的条文说明指出，柴油发电机房内的灭火设施应根据发电机组的大小、数量、用途等实际情况确定，有关灭火设施选型参见第 5.4.12 条的条文说明。

（7）《建火规》GB 50016—2014（2018 年版）第 8.3.9 条规定，下列

场所应设置自动灭火系统,并宜采用气体灭火系统[①②]。

①国家、省级或人口超过100万的城市广播电视发射塔内的微波机房、分米波机房、米波机房、变配电室和不间断电源(UPS)室。

②国际电信局、大区中心、省中心和一万路以上的地区中心内的长途程控交换机房、控制室和信令转接点室。

③两万线以上的市话汇接局和六万门以上的市话端局内的程控交换机房、控制室和信令转接点室。

④中央及省级公安、防灾和网局级及以上的电力等调度指挥中心内的通信机房和控制室。

⑤A、B级电子信息系统机房内的主机房和基本工作间的已记录磁(纸)介质库。

⑥中央和省级广播电视中心内建筑面积不小于120 m^{2}的音像制品库房。

⑦国家、省级或藏书量超过100万册的图书馆内的特藏库;中央和省级档案馆内的珍藏库和非纸质档案库;大、中型博物馆内的珍品库房;一级纸绢质文物的陈列室。

⑧其他特殊重要设备室。

(8)根据《图书馆建筑设计规范》JGJ 38—2015第6.3.4条,特藏书库、系统网络机房和贵重设备用房等应设置自动灭火系统,其中不适合用水扑救的场所宜选用气体灭火系统。

(9)根据《数据中心设计规范》GB 50174—2017第13.1.2条,A级

① 本条第①、④、⑤、⑧款规定的部位可采用细水雾灭火系统。

② 当有备用主机和备用已记录磁(纸)介质,且设置在不同建筑内或同一建筑内的不同防火分区内时,本条第⑤款规定的部位可采用预作用自动喷水灭火系统。

数据中心的主机房宜设置气体灭火系统，也可设置细水雾灭火系统。当 A 级数据中心内的电子信息系统在其他数据中心内安装具有相同功能的备份系统时，也可设置自动喷水灭火系统。

（10）根据《数据中心设计规范》GB 50174—2017 第 13.1.3 条，B 级数据中心和 C 级数据中心的主机房宜设置气体灭火系统，也可设置细水雾灭火系统或自动喷水灭火系统。

（11）根据《档案馆建筑设计规范》JGJ 25—2010 第 6.0.6 条，馆区应设室外消防给水系统。特级、甲级档案馆中的特藏库和非纸质档案库、服务器机房应设惰性气体灭火系统。特级、甲级档案馆中的其他档案库房、档案业务用房和技术用房，乙级档案馆中的档案库房可采用洁净气体灭火系统或细水雾灭火系统。

（12）根据《博物馆建筑设计规范》JGJ 66—2015 第 10.2.9 条，博物馆建筑的自动灭火系统设计应符合现行国家标准《建筑设计防火规范》GB 50016 的有关规定，并应符合下列规定：

①珍贵藏品的库房和中型及以上建筑规模的博物馆收藏纸质书画、纺织品等遇水即损藏品的库房，应设置气体灭火系统；

②一级纸（绢）质文物的展厅应设置气体灭火系统；

③除本条第①款、第②款外，设置自动灭火系统的藏品库房、展厅、藏品技术用房，宜选用自动喷水预作用灭火系统或细水雾灭火系统。

气体灭火系统的应用场所在不同规范中存在若干规定，且出现在规范的不同位置，笔者通过以上归纳和总结来帮助读者理解气体灭火系统的定义、组成和基本工作原理，并通过本节内容快速查找到可以采用气体灭火系统灭火的场所。

61 水喷雾灭火系统的工作原理和若干知识点

本节不讨论水喷雾灭火系统具体的设计方法和计算方法,而是紧密结合规范内容,重点介绍该系统的工作原理,并对其适用于哪些场所加以归纳与总结。

☞ 水喷雾灭火系统的分类和工作原理

水喷雾灭火系统同气体灭火系统一样,也是一种替代哈龙灭火系统的灭火系统。水喷雾系统是一种开式系统,按启动方式分为电动启动水喷雾灭火系统和传动管启动水喷雾灭火系统。

(1)电动启动水喷雾灭火系统:电动启动水喷雾灭火系统是以普通的火灾自动报警系统作为火灾探测系统,通过电气专业的感温、感烟设备探测火灾的发生,启动水泵和相关控制阀,通过水雾喷头喷水雾灭火的系统。

当有火情发生时,探测器将火灾信号传至火灾报警控制器,火灾报警控制器打开雨淋阀,同时启动水泵,水通过供水管网到达水雾喷头,系统喷水灭火。为了缩短系统的响应时间,雨淋阀前的管道应处于充满水的状态。

(2)传动管启动水喷雾灭火系统:传动管启动水喷雾灭火系统以传动管作为火灾探测系统,传动管内充满压缩空气或压力水,当传动管上的闭式喷头受火灾高温的影响动作后,传动管内的压力迅速下降,打开封闭的雨淋阀。为了尽量缩短管网的充水时间,雨淋阀前的管道应处于充满水的状态,传动管的火灾报警信号通过压力开关传至火灾报警控制器，报警控制器启动水泵，通过雨淋阀、管网将水送到水雾喷头，系统喷水灭火。传动管启动水喷雾灭火系统一般适用于防爆场所和不适合安装普通火灾探测系统的场所。

传动管启动水喷雾灭火系统按传动管内的充压介质不同，可分为充液传动管和充气传动管两种。充液传动管内的介质一般为压力水，这种方式适用于不结冰的场所，充液传动管的末端或最高点应安装自动排气阀。充气传动管内的介质一般为压缩空气，平时由空压机或其他气源保持传动管内的气压。这种方式适用于所有场所，但在北方寒冷地区，应在传动管的最低点设置冷凝器和汽水分离器，以保证传动管不会因冷凝水冻结而堵塞。

☞ 水喷雾灭火系统的组成

（1）电动启动水喷雾灭火系统主要由水池、水泵、雨淋阀组、压力开关、水泵接合器、配水管路、开式水雾喷头组成。

（2）传动管启动水喷雾灭火系统主要由水池、水泵、雨淋阀组、压力开关、水泵接合器、配水管路、开式水雾喷头、闭式洒水喷头、传动管、空压机等组成。

☞ 关于水喷雾灭火系统设置场所的若干知识点

本部分从规范的角度归纳总结水喷雾灭火系统设置场所的问题，即什么场所可以采用水喷雾灭火系统，什么场所应采用水喷雾灭火系统。

（1）根据《建火规》GB 50016—2014（2018 年版）第 8.3.8 条，下列场所应设置自动灭火系统，并宜采用水喷雾灭火系统①：

① 设置在室内的油浸变压器、充可燃油的高压电容器和多油开关室，可采用细水雾灭火系统。

①单台容量在 40 MV·A 及以上的厂矿企业油浸变压器,单台容量在 90 MV·A 及以上的电厂油浸变压器,单台容量在 125 MV·A 及以上的独立变电站油浸变压器;

②飞机发动机试验台的试车部位;

③充可燃油并设置在高层民用建筑内的高压电容器和多油开关室。

(2)根据《水喷雾灭火系统技术规范》GB 50219—2014 第 1.0.3 条,水喷雾灭火系统可用于扑救固体物质火灾、丙类液体火灾、饮料酒火灾和电气火灾,并可用于可燃气体和甲、乙、丙类液体的生产、储存装置或装卸设施的防护冷却。

第 1.0.4 条规定,水喷雾灭火系统不得用于扑救遇水能发生化学反应造成燃烧、爆炸的火灾,以及水雾会对保护对象造成明显损害的火灾。

这两条较概括地规定了水喷雾灭火系统适用和不适用的场合。

《水喷雾灭火系统技术规范》GB 50219—2014 第 3.1.2 条中的表 3.1.2 也列举了一些水喷雾灭火系统可以保护的场所。值得注意的是,水喷雾灭火系统可以用于一些场所的灭火,也可以用于一些场所的防护冷却。

水喷雾灭火系统的应用场所在不同规范中有若干规定,且出现在规范的不同位置,笔者通过以上归纳和总结来帮助读者理解水喷雾灭火系统的定义、组成和基本工作原理,并通过本节内容快速查找到可以采用水喷雾灭火系统灭火的场所。

62　细水雾灭火系统的工作原理和若干知识点

☞ 细水雾灭火系统的分类

细水雾灭火系统同气体灭火系统一样，也是一种替代哈龙灭火系统的灭火系统。其分类方式有很多，按照供水方式可以分为泵组式、瓶组式两种（还有一种是泵组和瓶组相结合的系统，但应用极少，本书不涉及）；按照动作方式可以分为开式系统和闭式系统；按照应用方式可以分为全淹没应用方式和局部应用方式。

需注意的是，全淹没应用方式和局部应用方式仅仅是针对开式系统来说的，闭式系统由于管路和工作原理与自动喷水灭火系统相同（但灭火机理不同），故没有全淹没应用和局部应用的说法。

（1）泵组式系统：泵组式细水雾灭火系统是指采用泵组（或稳压装置）作为供水装置的细水雾灭火系统。

（2）瓶组式系统：瓶组式细水雾灭火系统是指采用储水容器储水，采用储气容器加压供水的细水雾灭火系统。《细水雾灭火系统技术规范》GB 50898—2013 第 3.1.4 条不推荐采用瓶组式系统。

（3）开式系统：开式系统是指采用开式细水雾喷头的灭火系统，包括全淹没应用方式和局部应用方式。系统由火灾自动报警系统控制，自动开启分区控制阀和启动水泵后，向开式细水雾喷头供水。

①全淹没应用方式：全淹没应用方式是指向整个防护区内喷放细水雾，并持续一段时间，保护其内部所有保护对象的系统应用方式。全淹没应用方式适用于扑救相对封闭空间内的火灾。

②局部应用方式：局部应用方式是指直接向保护对象喷放细水雾，

并持续一段时间，保护空间内某具体保护对象的系统应用方式。局部应用方式适用于扑救大空间内具体保护对象的火灾。

（4）闭式系统：闭式系统是指采用闭式细水雾喷头的灭火系统，又可以分为湿式、干式和预作用三种形式。闭式系统适用于采用非密集柜存储的图书馆、资料库和档案馆等保护对象。闭式系统主要用于控制火灾，保护以可燃固体火灾为主的对象，且主要用于扑救可燃固体表面的火灾。

☞ **开式系统和闭式系统的组成**

（1）开式系统：泵组式开式系统由细水雾喷头、控制阀、系统管网、泵组（消防水泵和稳压装置）、水源（储水池和储水箱）、火灾自动报警和联动控制系统组成；瓶组式开式系统由细水雾喷头、控制阀、启动瓶、储水瓶组、瓶架、系统管网、火灾自动报警和联动控制系统组成。

开式系统中的分区控制阀平时保持关闭，发生火灾时能够接收控制信号自动启动，使细水雾向对应的防护区或保护对象喷放。开式系统的控制阀可以选用电磁阀、电动阀、气动阀、雨淋阀等自动控制阀，有些厂家称为选择阀、分配阀，《细水雾灭火系统技术规范》GB 50898—2013 中统一称作分区控制阀。

（2）闭式系统：闭式系统的组成与自动喷水灭火系统的组成相同，只是把喷头换成细水雾喷头。

闭式系统中的分区控制阀平时保持开启，主要用于切断管网的供水水源，以便系统排空、检修管网、更换喷头等。闭式系统的分区控制阀要求采用具有明显启闭标志的阀门或专用于消防的信号阀。使用信号阀时，其启闭状态要能够反馈到消防控制室；使用普通阀门时，须用锁具锁定阀板位置,防止误操作造成配水管道断水。

由此可见,无论开式还是闭式系统,其分区控制阀均不一定必须选用雨淋阀,选用上文中提到的各种阀门均可。

☞ 细水雾灭火系统的工作原理

(1)开式系统:采用自动控制方式时,火灾发生后报警控制器收到两个独立的火灾报警信号(即由电气专业的火灾自动报警系统发出的信号),自动启动系统控制阀和消防水泵并向系统管网供水,细水雾喷头喷出细水雾,实施灭火。

(2)闭式系统:其工作原理与闭式自动喷水灭火系统相同,不再赘述。

☞ 关于细水雾灭火系统设置场所的若干知识点

本部分从规范的角度归纳总结细水雾灭火系统设置场所的问题,即什么场所可以采用细水雾灭火系统,什么场所应采用细水雾灭火系统。

(1)根据《细水雾灭火系统技术规范》GB 50898—2013 第 1.0.3 条,细水雾灭火系统适用于扑救相对封闭空间内的可燃固体表面火灾、可燃液体火灾和带电设备火灾。

细水雾灭火系统不适用于扑救下列火灾:

①可燃固体的深位火灾;

②能与水发生剧烈反应或产生大量有害物质的活泼金属及其化合物火灾;

③可燃气体火灾。

本条较概括地规定了细水雾灭火系统适用和不适用的场合。

（2）根据《细水雾灭火系统技术规范》GB 50898—2013 第 3.1.3 条，系统选型应符合下列规定：

①液压站，配电室，电缆隧道，电缆夹层，电子信息系统机房，文物库，采用密集柜存储的图书库、资料库和档案库，宜选择全淹没应用方式的开式系统；

②油浸变压器室、涡轮机房、柴油发电机房、润滑油站、燃油锅炉房、厨房内的烹饪设备及其排烟罩和排烟管道部位，宜选择局部应用方式的开式系统；

③采用非密集柜存储的图书库、资料库和档案库，可选择闭式系统。

本条非常具体地列出了一些可以设置细水雾灭火系统的场所，并明确了在这些场所中具体应选用哪种细水雾灭火系统。

（3）根据《细水雾灭火系统技术规范》GB 50898—2013 第 3.1.4 条，系统宜选用泵组系统，闭式系统不应采用瓶组系统。

（4）《建火规》GB 50016—2014（2018 年版）第 8.3.8 条的文字注规定，设置在室内的油浸变压器、充可燃油的高压电容器和多油开关室，可采用细水雾灭火系统。

（5）根据《博物馆建筑设计规范》JGJ 66—2015 第 10.2.9 条第 3 款，除本条第 1 款、第 2 款外，设置自动灭火系统的藏品库房、展厅、藏品技术用房，宜选用自动喷水预作用灭火系统或细水雾灭火系统。

（6）根据《档案馆建筑设计规范》JGJ 25—2010 第 6.0.6 条，馆区应设室外消防给水系统。特级、甲级档案馆中的特藏库和非纸质档案库、服务器机房应设惰性气体灭火系统。特级、甲级档案馆中的其他档案库房、档案业务用房和技术用房,乙级档案馆中的档案库房可采用洁净气体灭火系统或细水雾灭火系统。

细水雾灭火系统的应用场所在不同规范中有若干规定,且出现在规范的不同位置,笔者通过以上归纳和总结来帮助读者理解细水雾灭火系统的定义、组成和基本工作原理,并通过本节内容快速查找到可以采用细水雾灭火系统灭火的场所。